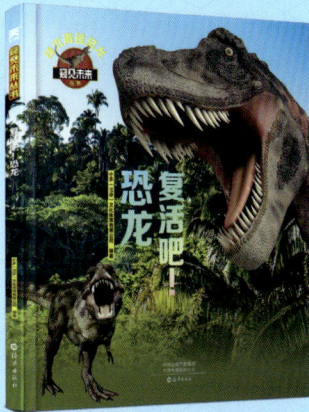

复活吧！恐龙

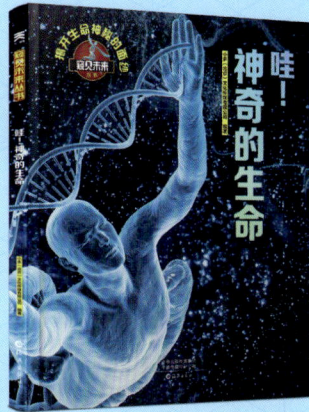

哇！神奇的生命

出发吧！向太空

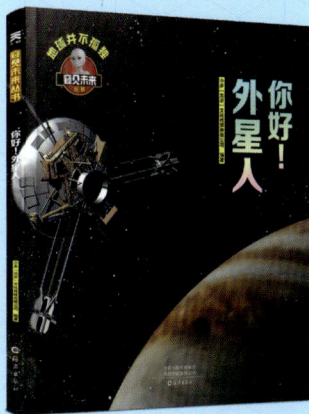

你好！外星人

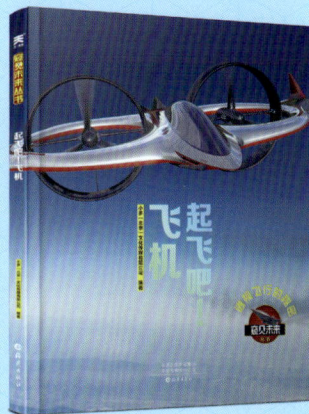

起飞吧！飞机

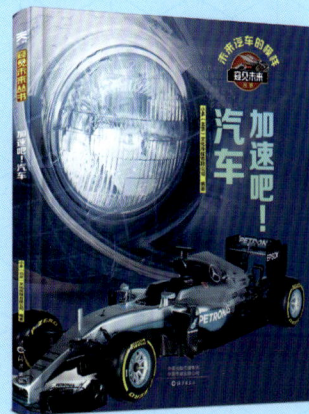

加速吧！汽车

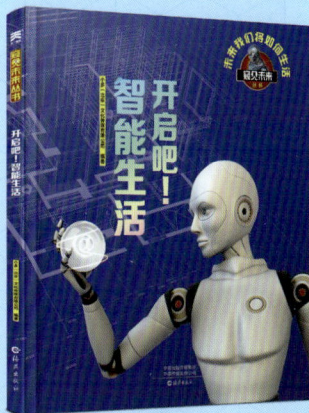

开启吧！智能生活

未完待续……

窥见未来
丛书

小多（北京）文化传媒有限公司 编著

开启吧！
智能生活

中原出版传媒集团
中原传媒股份公司

海燕出版社

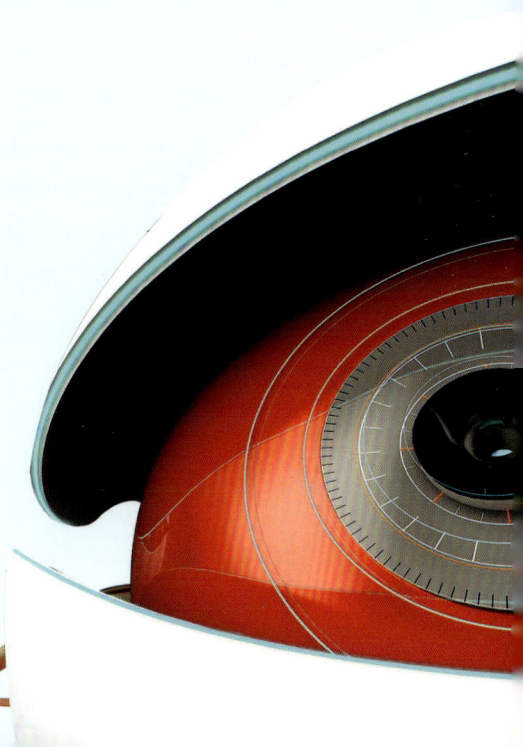

欢迎来到未来之家

04

城市的奇思妙想

14

2050年的一天

07:00

在柔和的古典音乐声中，安迪开启了新的一天。房屋内的传感器捕捉到了主人起床的动静，默默地控制百叶窗自动打开，让温暖的阳光照进室内。当安迪走出卧室，房间内的空调就自动关闭了。安迪刚进入厨房，灯就自动亮了，烧水壶开始烧水。萨拉十分了解安迪的生活习惯，在他起床之前就命令厨房准备了可口的早餐。

08:30

安迪吃完早餐后离开家，但他走的时候竟然忘记了关门！不过没关系，萨拉知道房门开着呢，安装在门口的温度传感器已经"感觉"到门外吹来的冷风，摄像头也"看"到了敞开的房门。根据它们传来的数据，萨拉会自动发出关门的指令，控制大门自动关闭。房门的安全装置是指纹扫描仪，有些人的家里已经装了更先进的虹膜扫描仪。如果你是客人，只需录入指纹，等主人把你设置为"访客"就能进屋啦！而没有录入指纹的陌生人是进不来的，一旦闯入房屋，萨拉就会直接报警。

10:00

虽然安迪没在家，但萨拉却没闲着。它命令各种家务小机器人完成扫地、清洁地毯、洗碗、除尘等任务。平时安迪在家的时候，萨拉还会依据表情识别与脑电波来分析安迪的情绪，并以此来变换家里的颜色。家具也都是萨拉制作的——只需要在网上购买家具的设计图纸，再做一些适合安迪喜好的修改，然后传到3D打印机上打印出部件，再组装起来即可。

18:00

安迪回到家中，刚坐在沙发上，客厅的电灯和电视就自动打开了。电视屏幕上播放着他最喜欢的综艺节目，音量和屏幕亮度都已经根据环境光线感应器反馈的数据自动调节成最舒适的模式。服务小机器人送来一杯新鲜的橙汁。此时，厨房里叮当作响，烤箱开始自动加热晚餐，萨拉也在默默地调节家里的温度高低和空气的新鲜程度。

22:00

萨拉还能查看家里的食物和日用品够不够，需要的话，可以随时订购，用安迪的指纹就可以付款。如果附近的商店卖什么新鲜货，只要把它的图标拖到电视屏幕上，电视机就会自动播放货物介绍，然后安迪就可以从容地做出买或不买的决定了。当夜幕降临，温度合适的洗澡水就自动准备好了。到了安迪提前设置的睡觉时间，萨拉会自动调节室内的光线，拉上窗帘，为主人营造最舒适的睡眠环境。

房子的各种智能装备

智能电表 · LED 灯 · 家居能源控制板 · 智能电视机 · 太阳能板 · 咖啡机 · 清洁机器人 · 电动车 · 平板电脑 · 家用电池 · 电冰箱 · 洗衣机

辨识个人心电图的"钥匙手环"Nymi，先让手环测出你的心电图，接着通过蓝牙将心电图信息传送到手机或其他设备

未来的室内空间可随时拆卸和拼装

萨拉是无所不能的"黑执事"的化身吗？当然不是啦！这位贴心的全能管家并不是人类，而是遍布家中每一个角落的智能控制系统。未来，人们的住房从外观上看和现在相比不会有太大差别，但是屋子内部会有什么，就有很多可能性了！到那时，一栋房屋会像家人一样读懂你的心情，让生活变得更舒适和便利。

不过，当房屋智能化之后，也会产生一些新的麻烦。比如，智能控制系统若不幸中了病毒，要当心电视有可能会循环播放垃圾广告，扫地机器人可能会在家中迷路，冰箱则有可能会不停地订购食品，刷爆你的银行卡哟！

招聘家庭机器人

家庭机器人可以分为三类：负责枯燥乏味的家庭琐事的机器人；担任家庭新成员角色的机器人；提供社区服务的机器人。

未来，我们将生活在机器人的包围中：刚起床，你的身体状况数据已经被传送到厨房，厨房会据此定制个性化的早餐。出门时，机器人会送上已经搭配好的服装。家里的电脑会通过感应面部表情、打字速度、敲击力量来分析你的心情，如果它认为你暂时不适合阅读悲伤的邮件，相应邮件也许要过一会儿才会出现在你的收件箱中……

你不必再苦恼谁来做家务，可以花更多时间来做自己喜欢的事情啦！那么，你想要什么样的机器人呢？快通过公开招聘来选择它们吧！

招聘
家庭机器人

颜值并不重要，
实力强劲就行！

加入我们

岗位需求

▶ **陪伴专员** — 24 小时温暖贴心的陪伴者，会聊天，最好有幽默感。

▶ **超级管家** — 智能房屋的总控制中心，了解主人的一切喜好，能敏感地察觉主人的任何变化，包括心理上和身体上的。

▶ **清洁战队** — 全自动完成家庭清洁任务，不怕脏、不怕苦、不怕累。

▶ **私房厨师** — "手残吃货"与"黑暗厨魔"的拯救者，创造美食的魔法师。

机器人
Jibo

我就是机器人 Jibo，能唱歌，会说话，擅长卖萌。我的爸爸是美国麻省理工学院的研究员。我用两个高分辨率的摄像头来分辨人的面孔，当然也可以为您拍照。我能和您自由聊天，还能随着音乐摆动身体。当然，我的本质是个贴心的小帮手，可以帮您发信息、与他人视频通话，设置日程提醒……在道晚安前要不要我再讲一个故事呢？虽然我还处于开发阶段，无法独立思考，也无法为您准备晚餐，但我仍非常期待成为您的家庭成员。

Jibo 会摆动身体，感应声波，很有动感

Jibo 的两个高分辨率的摄像头，可以追踪人脸，辨认不同用户，为你拍照

Jibo 可以传递信息

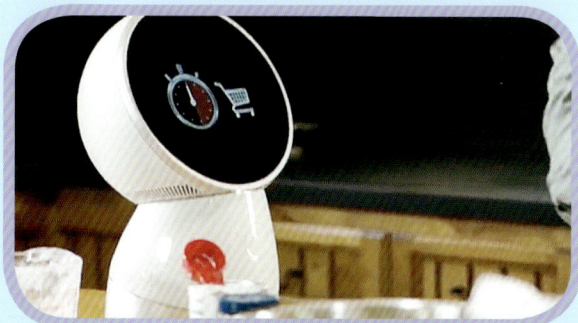

Jibo 会根据日程，给你提醒

Jibo 在绘声绘色地讲故事

通过 Jibo 进行视频对话，对话者仿佛就在对面

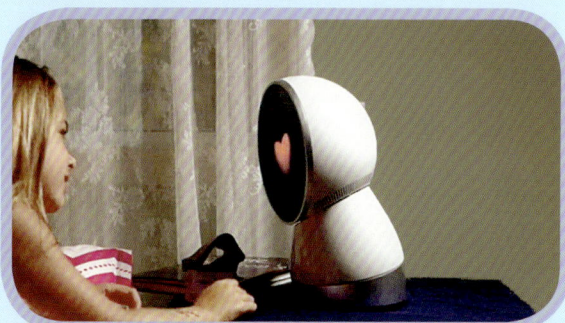

到了晚上，和你贴心地道晚安

扫地机器人

别看我像一个饼，但却比人类更会扫地，我可是最早步入家庭的一批机器人！我的小伙伴们一般都是利用红外线或超声波轻松躲避着家具、宠物、花盆……轻松自如地在家中巡航。但聪明的我已经可以通过发射激光来测量自己与周边每个点的距离，通过测量，我的"大脑"中会出现房屋的地图，再利用这个地图规划最短的路线完成清扫工作。我亲爱的主人，您还可将我通过无线网络和您的手机相连，我会将房间地图上传到手机里，每打扫完一个区域，手机上相应的区域就会变色。

如果您觉得我还不错，可以胜任扫地工作的话，我还可以将我的两个"兄弟"——擦窗机器人和泳池清洁机器人介绍给您，它们同样身怀绝技。擦窗机器人有两个磁性模块，这两个模块可以使它牢牢地吸附在玻璃上，

擦窗机器人

它边喷水边移动时，玻璃上的污渍就消失了。泳池清洁机器人可以轻松完成水下 15 米深的游泳池清洁工作。它们不仅任劳任怨，而且安全可靠，可以解救"恐水症"和"恐高症"患者，您可以放心地把危险系数高的工作交给它们。

管家机器人

我虽然没有《超能陆战队》里的大白那样可爱的外形，但我圆锥形的身体上有一张可爱的机器人面孔。我会按照您发出的指令要求去执行任务，比如开灯。除了开灯这类小事，我还能辅导功课、照顾老人。只要设置好起床、吃药、吃饭等日程安排，我就会在预定时间提醒老人要做什么。我身上的感应器还可以识别老人的表情或动作，如果出现异常，它就会自动给家人发送信息，家人可以通过视频看到老人，与老人通话，并在第一时间采取措施。如果让我成为您的管家，我一定会努力工作的！

扫地机器人在清理地板灰尘

正在烹饪的机器人大厨

机器人大厨

重度"手残者"的福音，美食达人们的伙伴，黑暗料理的终结者，我就是——可以全自动做饭的机器人大厨！

虽然被称为机器人，其实我更像是一个全自动的厨房。在我灵巧的机械手臂控制范围内，专用的烤箱、洗菜池、案板等厨具一应俱全。我的手臂由 20 个马达、24 个接头和 129 个感应器组成，这些感应器能够精确捕捉人的手臂的运动状态，并完美地再现这些动作。我的师傅是 2011 年 BBC 厨艺大赛冠军提姆·安德逊。我的控制系统会将烹饪动作转化为数字指令，机器手臂接收指令后就会完全按照提姆的动作开始烹饪。不过说来有一点惭愧，我虽然会做饭，但目前还不能分辨各种配料和食材，需要主人的帮忙。主人将不同的配料和食材放置在正确的位置上，我才能完美地做出您想要的菜。

蟹肉浓汤新鲜出炉啦！你先尝尝看，再来评判我的能力，好吗？

你决定好了吗？
要把哪个机器人带回家呢？

住在"向日葵"中

向日葵仰着黄灿灿的"大脑袋",随着太阳在天空中的位置变化而改变朝向,只要在晴朗的白天,时刻都能沐浴到温暖的阳光。你是否想象过一栋房屋也能像向日葵这样随着太阳位置的变化而转动呢?在未来,也许我们都可以入住这样的"向阳屋",每天面朝太阳,春暖花开。

建筑师
罗尔夫·迪施

跟着太阳走

1994年建筑师罗尔夫·迪施在德国弗莱堡建造了第一栋向阳屋。这栋建筑能整体旋转,像向日葵那样追随太阳!正常情况下,向阳屋每小时会旋转15°,这是为了时刻面向太阳,吸收能量。

向阳屋内部

罗尔夫·迪施的向阳屋是一栋圆柱形的建筑，共有 18 个面。它使用的建筑材料主要是木头。房子中心由一根圆柱形的轴支撑，建筑内部所有主要房间之间都存在一个高度差，环绕着中心轴螺旋上升。

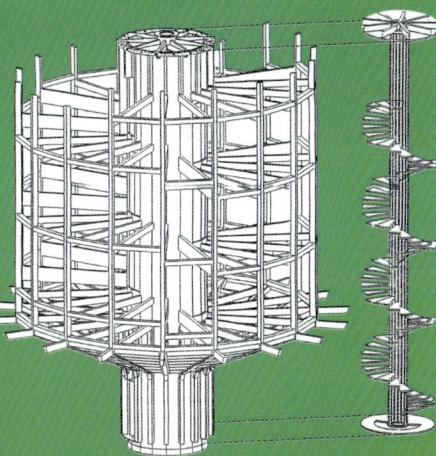

木结构及螺旋形楼梯设计图

售卖剩余的太阳能

向阳屋除了充分利用太阳能发电、取暖之外，还采取了其他的节能措施，比如，使用地暖，利用热能回收泵把人体、电器等散发的热能转化为取暖用的能量。这些措施大大降低了向阳屋的能耗，使它产出的能源比自身消耗的能源还多。多出来的能源将被输送到本地的公共电网中，可以在天气情况不理想的日子调出来使用，当然也可以供其他人使用。也就是说，住进向阳屋，不仅不用交电费，而且还能把多余的电卖掉赚钱！

综合节能房

向阳屋不仅是高效利用太阳能的典范，更是一栋综合节能环保建筑。在向阳屋的室外还有一个灰水（生活中产生的不太脏的、还可以利用的污水）处理池。经循环处理的水可以用来养鱼、洗衣服、擦地等。向阳屋里产生的有机垃圾也会被收集到一个地下肥堆里，6 个月后，这些垃圾就会变成有机肥料。

向阳屋的正面几乎全部是玻璃墙，由三层经过特殊处理的隔热玻璃组成，能让更多的阳光照进室内。向阳屋的背面并不是玻璃做的，但也具备良好的隔热性能。当太阳光过强时，向阳屋能够通过旋转让后墙面对太阳，这样一来，阳光便不会直接照射进室内，从而可以保持室内的凉爽。

弗莱堡太阳能住宅区

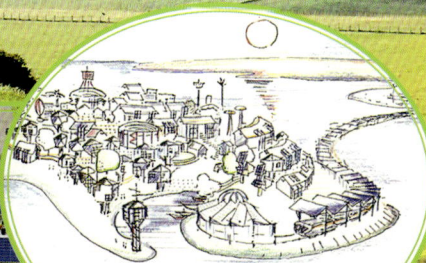

迪施的未来工程之漂浮在海面的太阳城

虽然到目前为止，除了弗莱堡的向阳屋，世界上只有两栋建成的向阳屋，但它的设计者迪施却有很多关于太阳能的梦想，他已经在自己的家乡建造了太阳能住宅区，未来，他想要在大海之上，建一座漂浮的太阳城……也许不久的将来，我们就都能住到太阳城的向阳屋中啦！

绿色生命之家

在地球上，生存能力强的动物能很好地适应周围环境。事实上，一栋建筑也要如此，例如，可以冬暖夏凉，能承受各种天气的变化或能跟随人类心情转变风格模式。未来，我们的房子将拥有来自生物的神奇技能，变成一栋栋"有生命"的建筑。

意大利罗马大楼楼顶的花园

日本福冈的绿色屋顶建筑

罗非鱼

技能一

自给自足

未来，我们的房屋可以利用自身的绿色屋顶和绿色墙壁生产我们所需的食物。我们可以在屋顶和墙壁上设计"迷你农场"，种植水果和蔬菜。不仅如此，还可以养鱼，例如罗非鱼。用"迷你农场"上生长的植物便能养一池鲜美的罗非鱼，而鱼池的水可以灌溉"迷你农场"，这样就形成了一个小型的生态循环系统。

植物还能起到节能的作用。它们生长在建筑表面能够调节温度，确保建筑冬暖夏凉。这就意味着人们对空调的需求量会降低，自然而然就做到了节能。

技能二

随机应变

变色龙是一种能够随着周围环境温度改变自身颜色的蜥蜴。而建筑物也可以像变色龙一样：阴天时墙壁会变得几乎透明，阳光可以最大限度地进入室内，使室内变得相对温暖；晴天时墙壁则会变暗，避免建筑吸收过多热量。未来建筑物随机应变的能力不仅是为了节能，还要满足居民不断变化的需求，比如，房屋的内墙带有滚轮，各个房间均可以改变大小和位置，做到了空间的有效利用。

技能三

自我修复

树皮时而厚实粗糙，时而纤薄而容易剥落。树皮的生长状况取决于树所处的生态环境。然而，树皮自身却可以修复霜冻等天气造成的伤害，和人类的皮肤被划破后能够愈合一样！未来，我们会有"像树一般的房屋"，这种房屋被一种特制的"皮肤"覆盖，污损后能通过纳米技术清洁并能自我修复。这样一来，人们将不必额外去购买材料，费时费力地去修理、替换建筑中破损的地方了。

技能四

生态转化

生物的残骸是可以自然分解的，不需要昂贵、耗能的处理方法。未来建筑也可以，它会自带太阳能污水处理功能，利用植物（如藻类、菌类）甚至蜗牛等生物来清洁污水。处理过的水储存在地下的蓄水层中，在家就可以循环利用水资源了。

自给自足、随机应变、自我修复、生态转化，当建筑物拥有这些技能，便可以从冰冷的"水泥城堡"进化为温馨的"绿色森林"。或许在不久的将来，每一个社区都能被改造成为具有生命力的绿色家园！

穿越时空的快车

不同寻常的车

这是一个阳光明媚的早晨。"嘟嘟嘟……"急促的闹钟声吵醒了布朗。布朗不情不愿地起了床。距离上班时间不足一小时了，虽然乘坐公交车仅需要30分钟，但在早高峰时段很难保证不迟到。于是，他打开手机App（应用程序），叫了一辆快车，把目的地设为公司地址。这样不仅能按时到达，还能节约出早餐的时间。

"嘀……"随着一串清脆的声音，一辆汽车停在了布朗面前。布朗先生的手机收到一条短信："感谢您选择'XX快车'，车牌号为'SF0076'的汽车已经到达指定位置……"

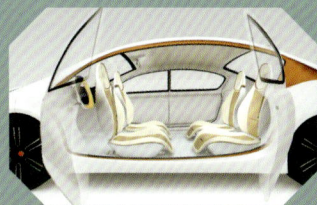

这快车确实比平时更快啊！布朗没有多想，径直走过去，拉开车门坐进去。车辆启动的声音，快车的启程提示语音，一切都是如此的熟悉。然而，当布朗抬起困倦的双眼，却瞬间被眼前的景象吓着了！

这辆车在路上行驶，却没有司机！

智能交通系统帮你寻找停车位

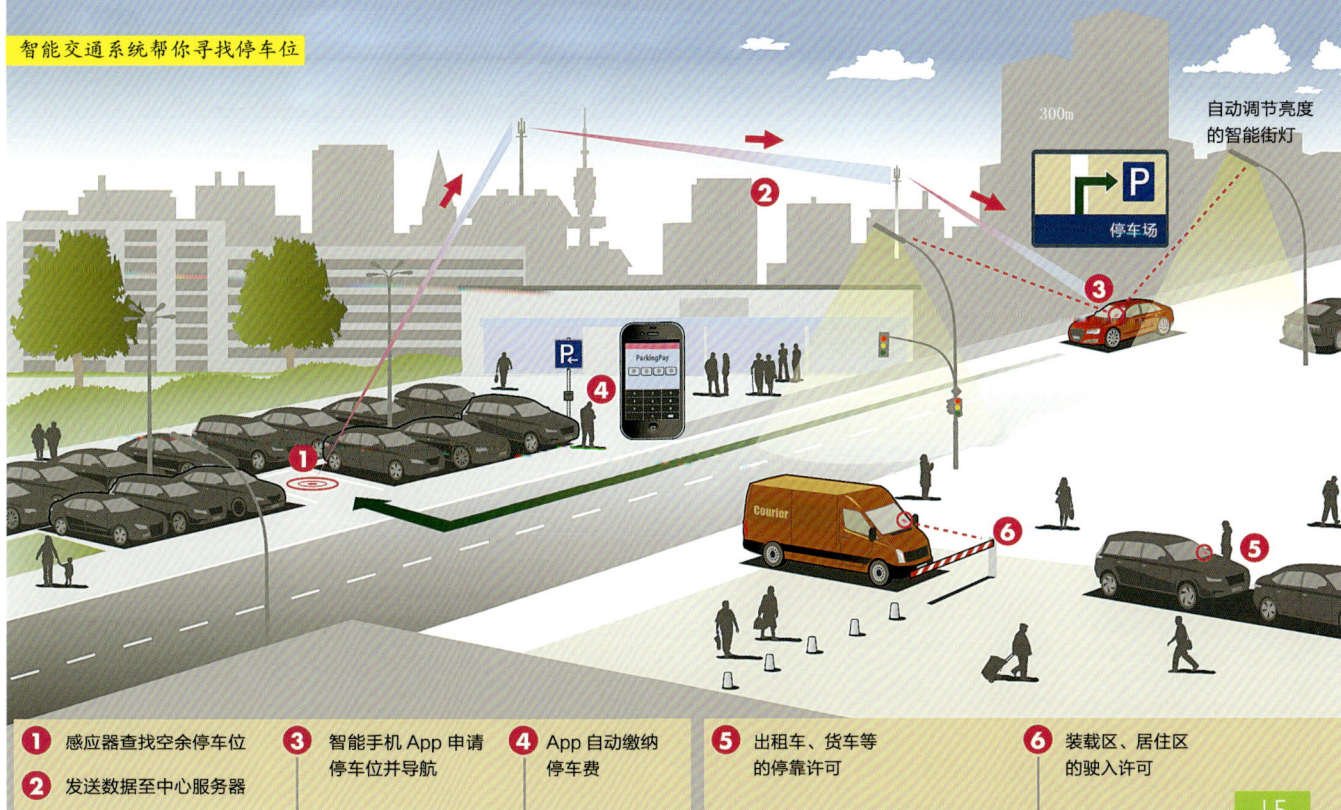

300m

自动调节亮度的智能街灯

停车场

ParkingPay

Courier

❶ 感应器查找空余停车位	❸ 智能手机App申请停车位并导航	❹ App自动缴纳停车费	❺ 出租车、货车等的停靠许可	❻ 装载区、居住区的驶入许可
❷ 发送数据至中心服务器				

15

城市变了

"停车！"布朗以为这是谁的恶作剧，迅速平复了一下心中的慌乱，急忙喊了出来。"好的，已为您临时停车，如需服务请……"车内的语音提示立刻回应了布朗，车辆虽然无人驾驶，但却自动准确地、稳稳地停在了快车专用停车位上。

布朗开门下车，这才注意到眼前的城市面貌似乎有些不太对劲了，以前街道两边都停满了车而且拥堵不堪，而现在眼前的街道清爽又宽阔，若不是看到标志性建筑，差点会以为走错了路。原来的大型商业区、购物中心的许多停车场也都神秘消失了，变成了绿地、公园和休闲场所，连街道两侧的停车位也被新的住房和写字楼取代。正当布朗发呆的时候，快车闪烁着红灯，发出了语音提示："临时停车时间超时，您准备改变行程还是继续行程，请回复。"布朗虽然有点迷茫，但还是回到了车内，选择继续行程。

"不管怎样，先赶到单位要紧，迟到可是要扣钱的呀！"

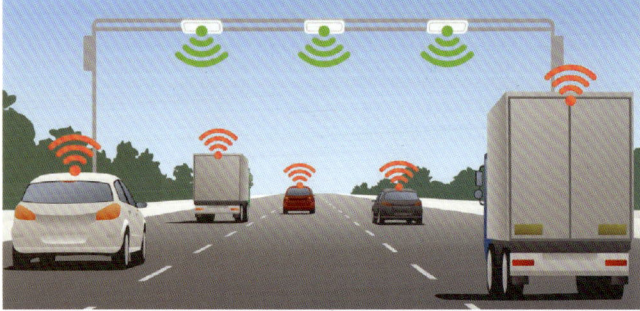
无人驾驶车让交通拥堵情况得到改善

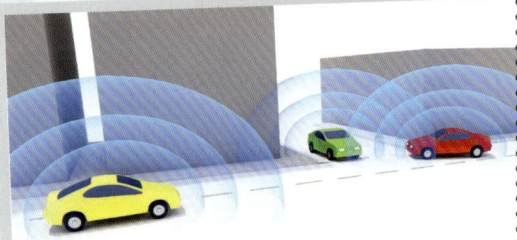
无人驾驶汽车通过多种信号导航

不可思议之旅

无人驾驶的汽车行驶在早高峰的路上，十字路口竟然没有交通信号灯，不过车辆却并没有拥堵。当一辆车通过十字路口时，其他车辆自动排队等待。布朗兴奋地观察着周围，仔细一看，都是相同的无人驾驶车。神奇的是路上正常行驶的汽车都自动保持着车辆之间的安全距离。由于秩序井然，路上当然无比顺畅。

到达目的地后，布朗在手机操作界面上按下了"确认"键，然后走下了车。关上车门后，这辆无人驾驶的快车径自开走了。布朗长长地舒了一口气，和煦的阳光洒在脸上、身上，他眯起眼睛，回味着这奇妙的乘车体验，静静地享受着这久违的轻松，走进办公楼。今天异常顺畅的交通让他来得比较早，同事们还没到。布朗习惯性地打开手机，赫然发现手机上的日期可以解释今天的一切古怪现象——2030年11月17日，星期日。

穿越也就罢了！竟然还需要上班！

未来的城市交通

现在，共享汽车已经不是新闻，而像布朗乘坐的共享无人汽车也可能成为未来的主流交通工具。共享无人汽车可以自己定位到距离最近的专用停车点，或与其他车辆一起，像一排购物车那样被机器人看守员运走。当再次接到订单时，它会自行驱车抵达指定位置。那时，人们就不需要再购买私家车了，私家车大量减少，城市释放出了大量的可用空间，人们的生活普遍改善了，就连房价也显著下降了。

发明家们还在绞尽脑汁，试图改变汽车的形式和功能。轨道车虽然要规规矩矩地沿着轨道行驶，但却是最能发挥想象力的。通过与高架电线相连的一个小背带，可以运送单个乘客穿行于城市之间。

还有在高度超过 4 米的钢缆上移动的自行车，自行车轮胎凹槽与钢缆上的钢沟契合，让它平稳保持在两根平行的钢缆上，确保骑车人不会失去平衡。

更神奇的是公寓变形车，这种未来派概念车并非只是一种交通工具，它还能变成你的专用电梯，运行到你的窗口，然后变成阳台。你不用走出公寓，就能进入车内，驾车离开，还能轻松地把购买的大量商品送回家。

集阳台、电梯、汽车于一身的概念车

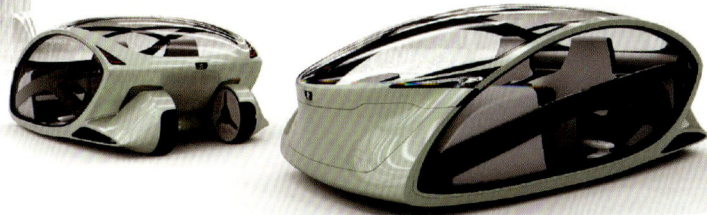

未来居住综合指南

世界各地的城市都在不停地扩张。据估计，到 2050 年，世界上三分之二的人口将居住在城市，城市的土地资源会越来越短缺。为了离开拥挤的陆地，获得更宽松的居住空间，未来人类将疯狂地改造地球表面，建造空中之城、地下城市，甚至海底社区也将不再是遥不可及的事情。

天空之城

"住在天上"并不像宫崎骏的动画电影《天空之城》那样隔世浪漫，动辄几千米的超高摩天大楼会给人远离地面的不安全感。为了抵御强风、地震，超高的建筑被设计成稳固的金字塔形或圆锥塔形。此外，它所需的电力来自太阳能，并能根据外部天气变化调节室内温度和灯光亮度。这样的超高摩天大楼一栋就可以入住几万户居民。虽然配备有每日可运送 10 万人次上下楼的高速电梯，但每天要从成百上千层的家里到一层去，还是太辛苦了，还好"天空之城"的工作、娱乐、购物、医疗等功能一应俱全，已然成为一个矗立在城市中的迷你城市，你不用恐惧下楼，宅在楼上也能过得舒坦。

未来城市东京"X-Seed4000"巨塔的设计图。它的底部直径有 6000 米，高 4000 米，其高度已经超过了日本的富士山。这座巨塔共有 800 层，据说建成后可以容纳 5 万~10 万人居住，是一座真正意义上的城市

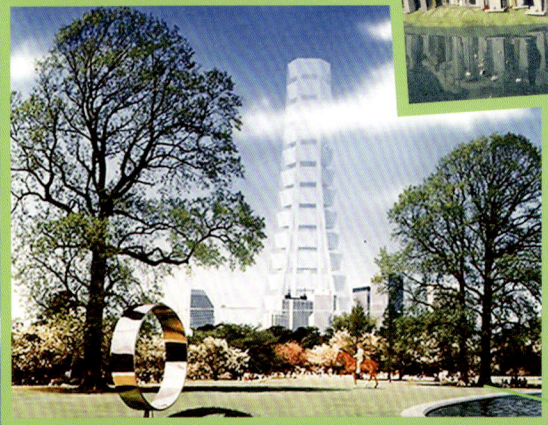

竹中工务店（日本一家建筑公司）推出了"东京空中之城 1000"项目，这是一座高约 1000 米的塔形建筑，可容纳常住居民 3.6 万、工人 10 万

摩地大楼

既然有摩天大楼，怎能没有"摩地大楼"呢？除了向上争取居住空间，向地下发掘也是一个不错的选择。地下交通隧道是地下建筑发展的雏形，在未来，这些位于地面以下 30~80 米之间的隧道相互连接贯通，形成地下城。而深入地下 300 米的倒金字塔形"摩地大楼"，可容纳 5000 人居住。幽深黑暗的地下，建筑物可以利用特殊的阶梯状巨型玻璃天花板将阳光折射到大楼里面，但是最深层的楼宇仍需要额外的光源。在天气反复无常或环境污染严重的城市，地下建筑就像安逸的庇护所，在这里生活不用雨伞和口罩；对于那些气候严寒或炎热地区的人们来说，地下建筑的空气和温度都尽在掌握中。

未来的城市交通

现在，共享汽车已经不是新闻，而像布朗乘坐的共享无人汽车也可能成为未来的主流交通工具。共享无人汽车可以自己定位到距离最近的专用停车点，或与其他车辆一起，像一排购物车那样被机器人看守员运走。当再次接到订单时，它会自行驱车抵达指定位置。那时，人们就不需要再购买私家车了，私家车大量减少，城市释放出了大量的可用空间，人们的生活普遍改善了，就连房价也显著下降了。

发明家们还在绞尽脑汁，试图改变汽车的形式和功能。轨道车虽然要规规矩矩地沿着轨道行驶，但却是最能发挥想象力的。通过与高架电线相连的一个小背带，可以运送单个乘客穿行于城市之间。

还有在高度超过 4 米的钢缆上移动的自行车，自行车轮胎凹槽与钢缆上的钢沟契合，让它平稳保持在两根平行的钢缆上，确保骑车人不会失去平衡。

更神奇的是公寓变形车，这种未来派概念车并非只是一种交通工具，它还能变成你的专用电梯，运行到你的窗口，然后变成阳台。你不用走出公寓，就能进入车内，驾车离开，还能轻松地把购买的大量商品送回家。

集阳台、电梯、汽车于一身的概念车

未来居住综合指南

世界各地的城市都在不停地扩张。据估计，到2050年，世界上三分之二的人口将居住在城市，城市的土地资源会越来越短缺。为了离开拥挤的陆地，获得更宽松的居住空间，未来人类将疯狂地改造地球表面，建造空中之城、地下城市，甚至海底社区也将不再是遥不可及的事情。

天空之城

"住在天上"并不像宫崎骏的动画电影《天空之城》那样隔世浪漫，动辄几千米的超高摩天大楼会给人远离地面的不安全感。为了抵御强风、地震，超高的建筑被设计成稳固的金字塔形或圆锥塔形。此外，它所需的电力来自太阳能，并能根据外部天气变化调节室内温度和灯光亮度。这样的超高摩天大楼一栋就可以入住几万户居民。虽然配备有每日可运送 10 万人次上下楼的高速电梯，但每天要从成百上千层的家里到一层去，还是太辛苦了，还好"天空之城"的工作、娱乐、购物、医疗等功能一应俱全，已然成为一个矗立在城市中的迷你城市，你不用恐惧下楼，宅在楼上也能过得舒坦。

未来城市东京"X-Seed4000"巨塔的设计图。它的底部直径有6000米，高4000米，其高度已经超过了日本的富士山，这座塔楼共有 800 层，据说建成后可以容纳 5 万~10 万人居住，是一座真正意义上的城市

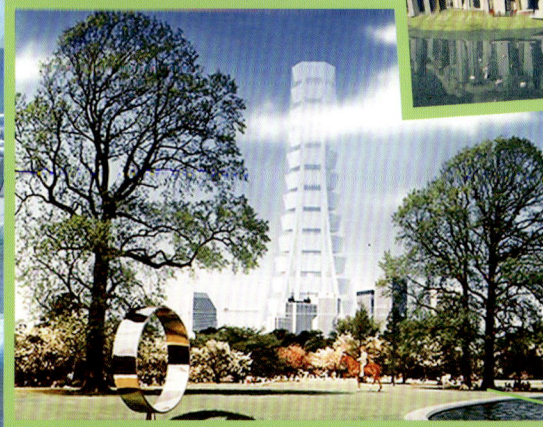

清水工务店（日本一家建筑公司）推出了"东京空中之城 1000"项目，这是一座高约 1000 米的塔形建筑，可容纳常住居民 3.6 万、工人 10 万

摩地大楼

既然有摩天大楼，怎能没有"摩地大楼"呢？除了向上争取居住空间，向地下发掘也是一个不错的选择。地下交通隧道是地下建筑发展的雏形，在未来，这些位于地面以下 30~80 米之间的隧道相互连接贯通，形成地下城。而深入地下 300 米的倒金字塔形"摩地大楼"，可容纳 5000 人居住。幽深黑暗的地下，建筑物可以利用特殊的阶梯状巨型玻璃天花板将阳光折射到大楼里面，但是最深层的楼宇仍需要额外的光源。在天气反复无常或环境污染严重的城市，地下建筑就像安逸的庇护所，在这里生活不用雨伞和口罩；对于那些气候严寒或炎热地区的人们来说，地下建筑的空气和温度都尽在掌握中。

打造智能城市

历史上，城市的兴起带有一些随意性，或是靠近河道，或是为了躲避自然灾害，比如飓风、洪水或火灾。城镇发展也通常是为了一时之需，没有经过系统的规划。所以大多数城市如今发展得不尽如人意，城市的各个系统有时甚至会互相排斥，而不是互相合作。如何有效管理城市的各个系统，以保证城市的正常运行呢？

如果设计城市时，就考虑将城市的基础设施（如排水系统、供电、道路等各个方面）安排妥当，并运用包括光纤、无线宽带、智能手机、传感器等的数据源将城市的各个方面连接在一起，形成信息流，通过计算机进行监控和管理，这样的城市就是智能城市。

里约热内卢的"智能城市"操控中心

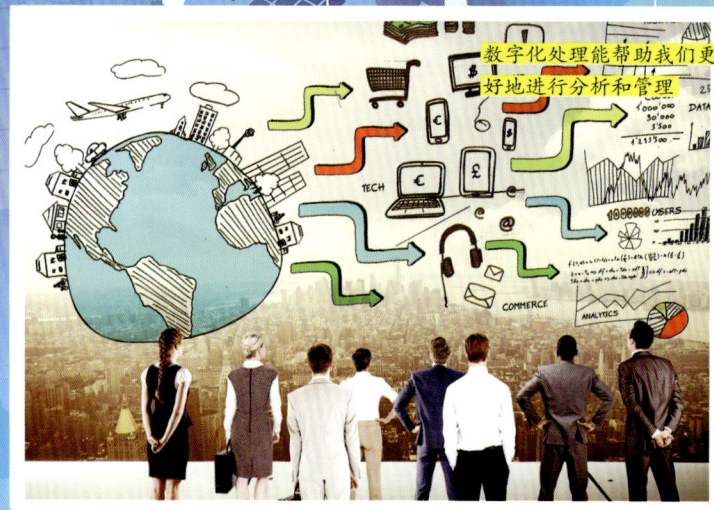
数字化处理能帮助我们更好地进行分析和管理

让城市设备自己"说话"

在庞大的城市中，怎样才能在事故发生前就判断出哪些道路需要维护，哪条道路的红绿灯时间和车流量不匹配而影响了交通？我们不可能让警察叔叔 24 小时轮班在每个路口记录路况，我们需要让道路、红绿灯等城市设备自己"说话"！也就是让它们自动报告数据以供城市管理者分析判断。我们可以利用自动识别技术让物品的状态（比如信号灯的颜色和亮起时间）转化为信息，再将这些复杂多变的信息转化为可以计量的数据，这样就可以通过网络来统一管理这些物品了。

智能世界

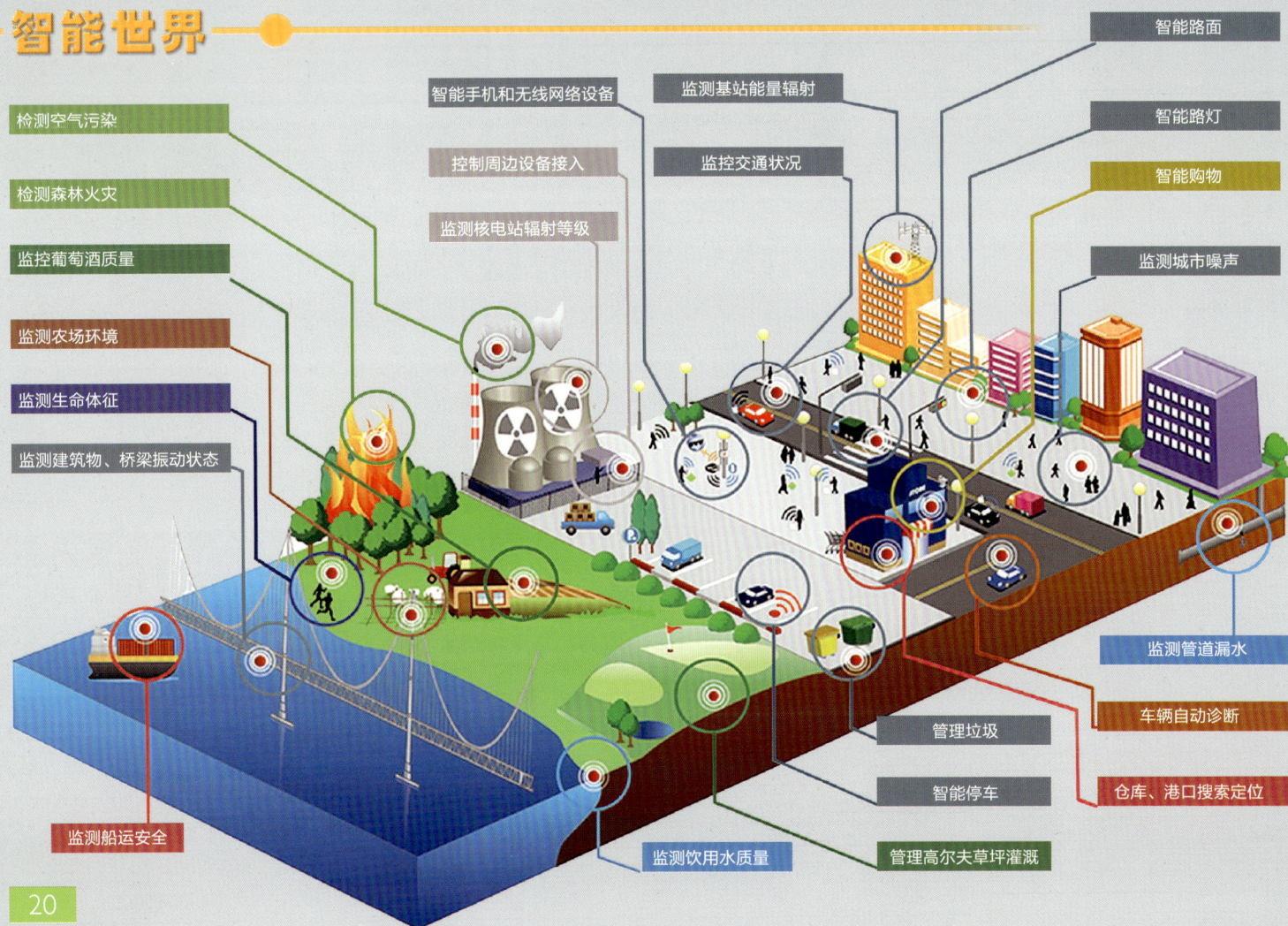

检测空气污染
检测森林火灾
监控葡萄酒质量
监控农场环境
监测生命体征
监测建筑物、桥梁振动状态
监测船运安全

智能手机和无线网络设备
控制周边设备接入
监测核电站辐射等级
监测基站能量辐射
监控交通状况
智能路面
智能路灯
智能购物
监测城市噪声
管理垃圾
智能停车
仓库、港口搜索定位
管理高尔夫草坪灌溉
监测饮用水质量
监测管道漏水
车辆自动诊断

智能垃圾桶的传感器装在桶顶，垃圾满了就会发送信号，通知垃圾车过来收垃圾

传感器

让城市"活"起来

如何让没有生命的物体"活起来"，会"说话"，有"感觉"呢？答案就是传感器。它能告诉你世界上正在发生什么，是打造智能城市的核心部件。它可以探测到光、压力、温度、湿度，有些先进的传感器还能感知物体的加速和震动。比如，装有运动传感器的街灯在夜间有车辆或行人靠近的时候才会变到最亮，既节省能源又不危害安全。腐蚀速率传感器可以通过感知电阻的大小，帮助了解城市中建筑物的健康状况。安装在桥梁关键受力点的加速度计可以探测到危险的震动信息，及时发出撤离警报。雷达传感器可以测量车与车之间的距离，判断是否有车位等。

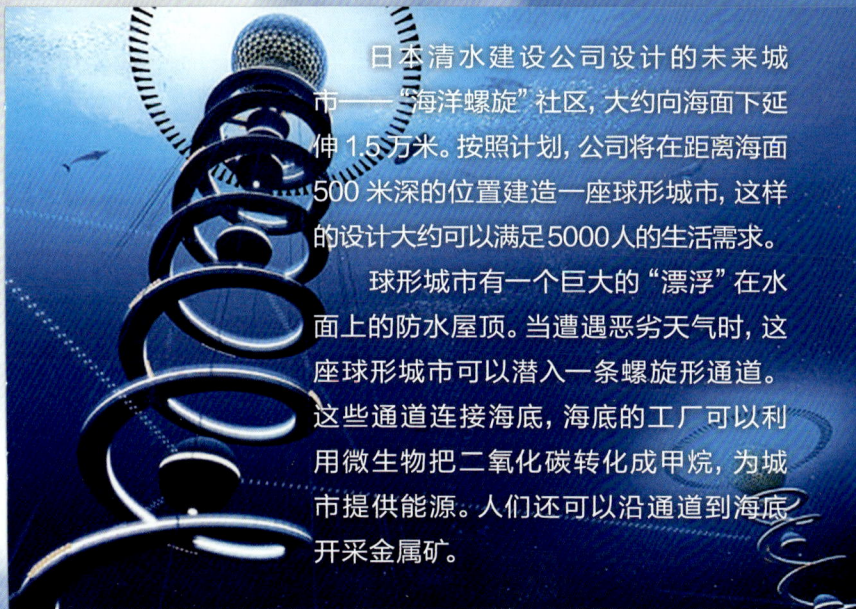

日本清水建设公司设计的未来城市——"海洋螺旋"社区，大约向海面下延伸1.5万米。按照计划，公司将在距离海面500米深的位置建造一座球形城市，这样的设计大约可以满足5000人的生活需求。

球形城市有一个巨大的"漂浮"在水面上的防水屋顶。当遭遇恶劣天气时，这座球形城市可以潜入一条螺旋形通道。这些通道连接海底，海底的工厂可以利用微生物把二氧化碳转化成甲烷，为城市提供能源。人们还可以沿通道到海底开采金属矿。

海底社区

海洋面积约占地球表面积的71%。为了提供更多的生活空间，未来，人们不再局限在陆地，而是打起了海洋的主意，特别是那些临海的国家已经不满足建造海上人工岛，甚至还向海底进一步延伸居住空间。

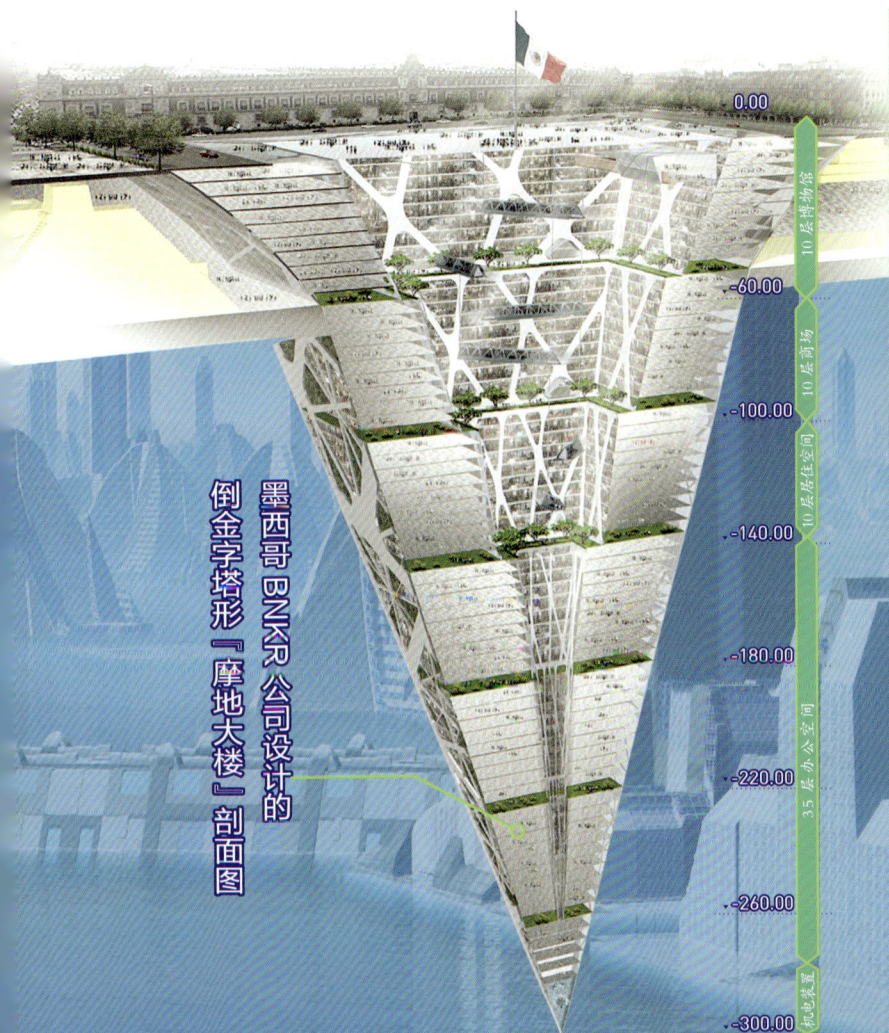

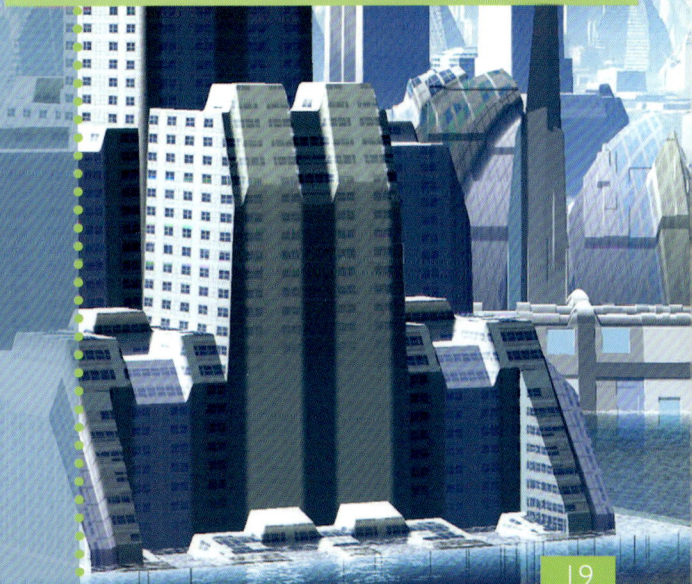

加拿大城市蒙特利尔的地下商业区

墨西哥BNKR公司设计的倒金字塔形「摩地大楼」剖面图

0.00

-60.00　10 层博物馆

-100.00　10 层商场

-140.00　10 层居住空间

-180.00

-220.00　35 层办公空间

-260.00

-300.00
单位：米

沙漠中的实验城

一座没有汽车、零碳排放、零浪费的城市在阿联酋的阿布扎比郊区破土动工。这座寓意为"发源地"的马斯达城就像是一个巨大的实验室，验证着未来城市究竟能不能在环境恶劣的沙漠中"生根发芽"。

打造隔热的堡垒

想要在火热的沙漠腹地建成一座零碳排放的节能城市，必须解决炎热这一头号问题。

马斯达城将被四面城墙包围，这些城墙起到了阻挡沙漠热量的作用。城市建造在多风的高地上，能有效利用强风。房屋间隔小，街道窄，能够最大限度地达到遮阴效果，同时加速全城的空气流动。按照计划，这样的建筑形式会使整座城市的地面温度降低20℃。

此外，设计者还在研究新的隔热材料，比如，在房屋外"铺"上一层30厘米厚的气体，或者给房屋披上一层隔热又反光的锡箔"外套"等。任骄阳似火灼烧大地，人们就算不开空调也不惧怕炎热了。

马斯达城的街道设计图

马斯达城内部有利用流体力学原理设计的特殊风道，可以达到白天热空气上行，到晚上冷空气进入，为建筑降温的效果。风道下面的水池也有助于降温

由于马斯达城建立在7米高的台上，城市地下有足够的空间供交通网络发展。它用小型交通工具——"豆荚车"替代了传统的公交车和火车。这种"豆荚车"是一种无人驾驶的电动车，它沿轨道行驶，你只需要在车上的LED显示屏上输入目的地，其他都由计算机操控

马斯达城的概念图

传递和连接

安装了传感器，让城市中的设备有了"感觉"，那么，如何获得更多的"感觉"并且传递出去呢？传感器如何与城市中的物品或人产生更多的互动，汇报更丰富的信息？这是智能城市的第二个关键要素——连接。

传感器要从周围的东西中获得信息并交换，而这种信息交换需要连接。你很难让所有传感器都自带手机、电脑具备的联网、蓝牙功能，因此，近距离无线通信（NFC）技术就有了市场，它们不仅成本低，而且足以完成传感器对信息捕捉的任务。

传送上"云端"

这个"云端"可不是天上的云彩，但又有几分相似。传感器收集到了大量的信息，这些信息需要汇总和处理。"云"就是储存有大量数据的资源池，大家都可以通过互联网向"云"中存储数据，或是使用数据。

装在城市街道的灯柱和建筑物上的传感器可以探测到行人和驾驶者身上的"智能标签"，甚至分辨得出每个人，然后传感器将数据通过互联网输送到城市控制中心的服务器。在那里，复杂的程序对信息进行分析，从而找出交通堵塞的位置。同时，数据会实时反馈给交通网络监控程序，它为驾驶者更新道路信息，重新规划到达目的地的最佳路线，避免交通拥堵。

丹麦街头的自行车 RFID 感应器

智能城市中的地理信息

"互联网+"时代下的 3D GIS（三维地理信息系统）在打造智能城市中发挥着重要作用。比如，人类社会将正向无人机物流时代，这时就需要地理信息行业提供城市三维模型作为无人机飞行三维管道导航的数据基础。用城市的全息三维作为基础数据可以计算城市的交通拥堵指数分布、4G/5G 信号强度指数，城市用水、用热、用电指数等。另外，通过建立公路建筑信息模型（BIM），可以解决公路上的一切问题，包括绿化调查、路灯调查、路面状况调查、井盖缺损调查、自动导航数据生产、自动驾驶汽车的三维数据支持、公路竣工验收、公路改扩建设计等。

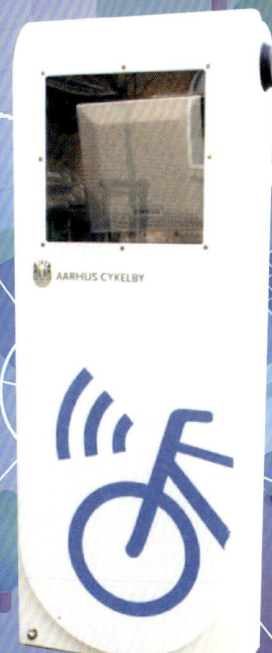

一个小的 RFID 芯片，旁边是一粒米

无线射频识别（RFID）技术：它包括存储数据的射频标签和读取数据的机器，后者也是一种传感器。射频标签不需要自带电源，当它靠近读取机时，会从读取机获得电力，然后应答，发出自身的识别信息，读取机将信息再反馈给电脑等管理平台。你可以用它来追踪物品、管理交通、提供电子化的医疗服务等。

近距离无线通信是在 RFID 基础上发展的通信技术，支持 10 厘米范围内的双向数据交换。比如，柱子上贴着的 NFC 或者二维码，它们可以与你的手机、平板电脑等有互联网连接的智能设备"互动"：带你进入一个网站，里面的信息正好是你在特定的地点和时间需要的，比如，这个地方有什么设施和服务、要举办什么活动、推荐一些应用程序等。

信息的"乌托邦"

不过，智能城市也存在一些问题。很多人最大的担心就是自己将时时处于监控中，该如何保护自己的隐私？

一座智能城市可以监控垃圾量，最大可能地使垃圾再循环，或者监控城市交通流量、疏散人流……虽然这些都意味着个人的活动会被监控，但是这并不是坏事，信息共享的最终结果是带来方便与幸福。

城市中的居民对智能城市建立的成功与否至关重要，信息和通信技术连接了各个系统，更需要居民的积极参与来实现城市的可持续发展。图为巴塞罗那街头的咨询屏

日本清水建设公司设计的未来城市——"海洋螺旋"社区,大约向海面下延伸1.5万米。按照计划,公司将在距离海面500米深的位置建造一座球形城市,这样的设计大约可以满足5000人的生活需求。

球形城市有一个巨大的"漂浮"在水面上的防水屋顶。当遭遇恶劣天气时,这座球形城市可以潜入一条螺旋形通道。这些通道连接海底,海底的工厂可以利用微生物把二氧化碳转化成甲烷,为城市提供能源。人们还可以沿通道到海底开采金属矿。

海底社区

海洋面积约占地球表面积的71%。为了提供更多的生活空间,未来,人们不再局限在陆地,而是打起了海洋的主意,特别是那些临海的国家已经不满足建造海上人工岛,甚至还向海底进一步延伸居住空间。

加拿大城市蒙特利尔的地下商业区

墨西哥BNKR公司设计的倒金字塔形"摩地大楼"剖面图

沙漠中的实验城

一座没有汽车、零碳排放、零浪费的城市在阿联酋的阿布扎比郊区破土动工。这座寓意为"发源地"的马斯达城就像是一个巨大的实验室,验证着未来城市究竟能不能在环境恶劣的沙漠中"生根发芽"。

打造隔热的堡垒

想要在火热的沙漠腹地建成一座零碳排放的节能城市,必须解决炎热这一头号问题。

马斯达城将被四面城墙包围,这些城墙起到了阻挡沙漠热量的作用。城市建造在多风的高地上,能有效利用强风。房屋间隔小,街道窄,能够最大限度地达到遮阴效果,同时加速全城的空气流动。按照计划,这样的建筑形式会使整座城市的地面温度降低20℃。

此外,设计者还在研究新的隔热材料,比如,在房屋外"铺"上一层30厘米厚的气体,或者给房屋披上一层隔热又反光的锡箔"外套"等。任骄阳似火灼烧大地,人们就算不开空调也不惧怕炎热了。

马斯达城的街道设计图

由于马斯达城建立在7米高的台上,城市地下有足够的空间供交通网络发展。它用小型交通工具——"豆荚车"替代了传统的公交车和火车。这种"豆荚车"是一种无人驾驶的电动车,它沿轨道行驶,你只需要在车上的LED显示屏上输入目的地,其他都由计算机操控。

马斯达城内部有利用流体力学原理设计的特殊风道,可以达到白天热空气上行,到晚上冷空气进入,为建筑降温的效果。风道下面的水池也有助于降温

马斯达城的概念图

使用清洁能源

马斯达城广场概念图

马斯达城所有建筑的屋顶都铺有太阳能电池板，产生的电能可以满足所有建筑用电。在马斯达城外还有一片占地约 0.2 平方千米的公共服务设施区，包括光伏太阳能发电厂、垃圾焚烧厂和水处理厂。

马斯达城对垃圾进行严格分类，可回收的垃圾或者用于制造沼气，或者进行焚烧。焚烧垃圾产生的热量被转化为电能。

在马斯达城，所有使用燃油的交通工具都必须停在城外。进入城市后，你可以选择步行、骑行或乘坐电动车

待马斯达城初具规模，科学家将开始更大胆的尝试：先将海水注入池塘，在池塘养殖鱼虾，再把养殖废水引入沙漠浇灌海蓬子（一种耐盐植物，可以用于提炼生物燃料）。流过海蓬子种植田的海水再被引入红树林，经根系过滤后流入大海。养殖废水中的鱼虾排泄物可以为海蓬子的生长提供丰富的营养物质，红树林可以吸收二氧化碳，甚至最终使马斯达的碳排放量成为负数，成为未来的沙漠绿洲。

让淡水更便宜

在干旱的沙漠里，淡水是最珍贵的资源，可马斯达城的地下水比海水的含盐量还要高，要把这种水变成饮用水，将需要消耗比海水淡化还要多的能源。

为了寻找更经济的能源，马斯达城的城市建设者开始寻找地热。另外，他们也开始研制更经济有效的海水淡化设备。

虽然马斯达城最初的咸水淡化仍依赖燃油，但是会逐步被可再生的清洁能源替代。节约用水也是马斯达城的降低能耗的计划之一。废水经过处理后，可用于灌溉，也可作为冷却用水，或者清洁用水。

海水养殖与植物能源综合系统

①海水养殖的设施。海水被注入池塘，养殖鱼虾

②鱼虾排泄物作为肥料。鱼虾养殖废水被注入盐生植物种植田，鱼虾排泄物为植物提供养分，养殖废水同时得到净化

③盐生植物。盐生植物的生物质和脂类成分用来生产生物燃料和其他产品

④红树林负责碳的固定。养殖废水流入红树林，红树林固定燃料燃烧产生的二氧化碳，养殖废水经净化后流回海洋

打印出的奇迹

人类制造工具的历史正是一部文明史，从磨制刀斧、冶炼金属到机械自动化生产。现在，我们又多了一种新的选择——3D 打印。有了 3D 打印机，我们可以随时随地制造出想要的器物。如今，3D 打印已经从一个极客概念走入各个行业；未来，它又将如何帮助和改变我们生活的世界？

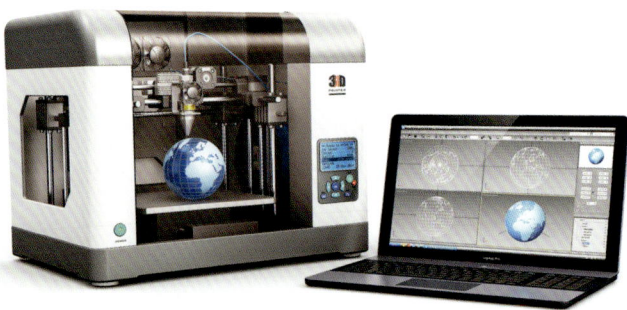

3D 打印的"魔法"

3D 打印的程序本质上是 2D（二维）打印，只不过需要在 2D 打印的基础上一遍又一遍地打印、一层又一层地叠加，直至一件 3D 产品最终成型。

美国伯克利加州大学研究小组打印的这座花朵亭子，使用的是由高分子化合物、纤维、水泥三者混合的粉末水泥

建个房子不费事

传统上，建房是个大工程，需要准备许多建筑材料，还要留足工期。如果使用 3D 打印，在一定程度上革新了原有的建筑方式，那么，建房还真不是什么麻烦事了！

3D 打印建筑的一大目标就是要保护生存家园的环境。3D 打印建筑的打印"油墨"可以用建筑垃圾制成。建筑垃圾被处理后变成了特殊的混凝土"油墨"。这样的墙真的足够坚固吗？不用担心，这种混凝土的强度和使用年限理论上要大大高于传统的钢筋混凝土。

相信 3D 打印建筑技术一定会不断地改进和发展，与传统建筑方式互为补充，共同为建筑界贡献力量。说不定在不久的将来，建筑师们都会用到 3D 打印技术呢！世界上也将会有更多的人住得起房子。

大型 3D 打印机打印出全球首个完整别墅，建筑面积达 1100 平方米，分层打印的纹理清晰可见

"神笔"让画成真

　　"技术控"们恨不能让你目之所及的一切都变成立体的，连平日里在纸上写写画画的笔，现在也能制成 3D 效果的了。终于有机会当一回童话中的"神笔马良"了！

　　当 3D 打印冲破了打印机四四方方的格局，世界上第一支具有 3D 打印功能的神笔诞生了，它可以更灵活自如地"画"出你想要的物体，桌面、墙壁、玻璃、石头，甚至空气都能当它的画纸。用它画完之后，你能立刻把成品取下来。

　　"神笔"虽然不能连接电脑，通过电脑软件来设计图纸，但可以给酷爱涂鸦和创作的人以随心发挥的空间。首先需要接通电源，给笔内的"墨水"加热。达到一定温度后，使用者就可以操控笔上的按钮，让笔尖喷射"墨水"来写写画画了。用笔的同时，位于笔尖上端的大风扇还会对"墨水"进行冷却，让"墨水"迅速凝固。这样就可以一笔一笔地把立体模型搭建出来了。

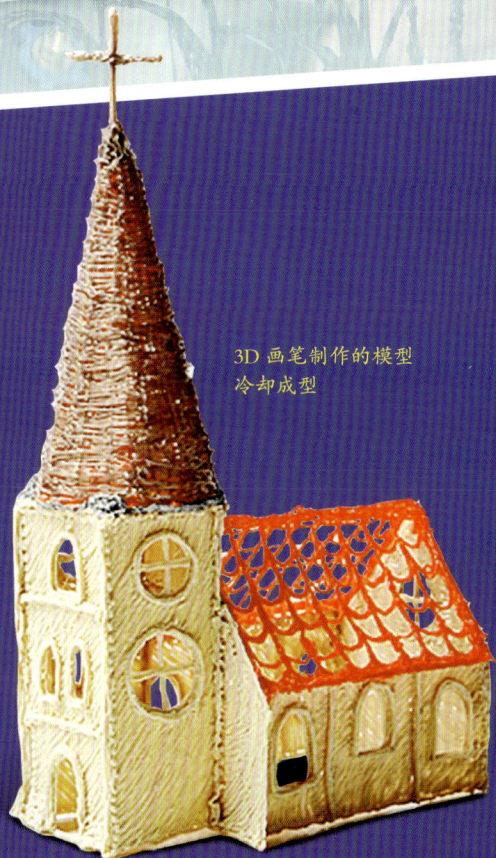

3D 画笔制作的模型冷却成型

美国一户人家在自家院子里打印的 3D 小城堡，每层的打印厚度仅有 10 毫米

设计师正在用 3D 打印笔制作连衣裙

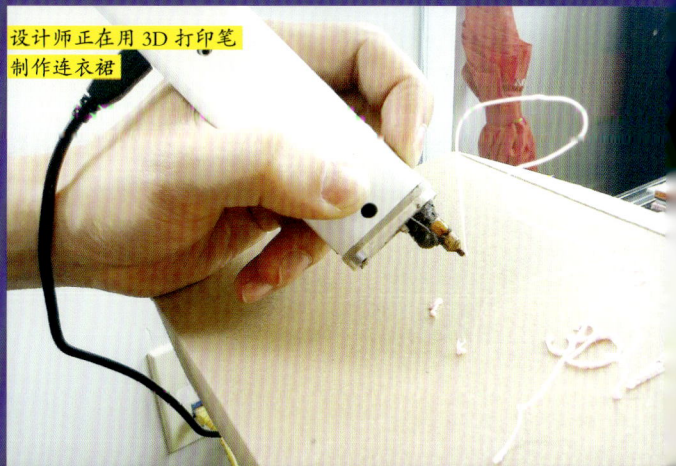

随心私人订制

在童话里，灰姑娘的水晶鞋是魔法变出来的。而在现实生活中，设计师们也在努力为 3D 打印开疆辟土，让它具有更神奇的魔力，打印出女生梦寐以求的造型独特的服饰或鞋子，不断满足人们对个性的需求。

另外，3D 打印技术进军珠宝行业后，给传统的珠宝制作带来了技术上的革新。它不仅能批量打印珠宝，还能打印世界上独一无二的珠宝——这才是最重要的。

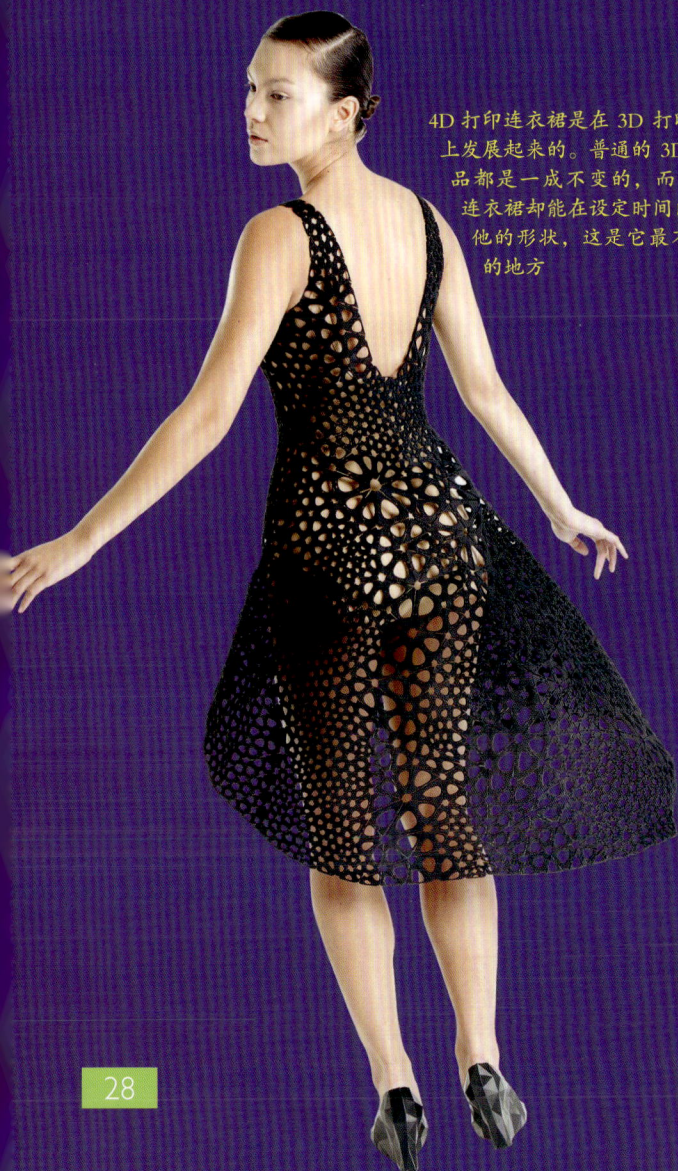

3D 打印的订制戒指

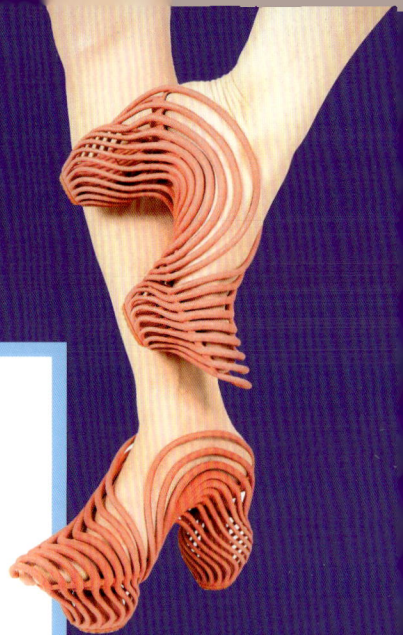

3D 打印机打印出一款全新的弹簧减震高跟鞋

4D 打印连衣裙是在 3D 打印的基础上发展起来的。普通的 3D 打印物品都是一成不变的，而 4D 打印连衣裙却能在设定时间内变成其他的形状，这是它最不可思议的地方

3D 打印能够在微米甚至纳米尺度上打印出血管组织

打印生命的奇迹

研究人员正在积极地研制 3D 打印的人体组织和器官，以替代那些因受损、病变而不能正常工作的人体组织和器官。

当患者接受来自其他身体的器官移植后，身体中的免疫系统会将移植的器官标识为"异类"，从而导致严重的排异反应，这会危及患者生命，所以接受器官移植的患者必须终身服用免疫抑制剂，以降低排异反应。假如使用患者自身细胞打印出器官，再移植回身体，则明显降低排异反应，甚至可以消除排异反应的风险。

未来，打印出可供移植的人体组织和器官将不再是梦想。

打印机中钻出的美食

未来的"厨神"也许只是一个神秘的黑箱子——3D 食物打印机！它并不用传统的烹饪技法，也不使用明火，它只需要将食材和配料调配成为"墨水"，再利用计算机三维软件设计出食物的立体模型。当一切准备就绪，美食打印就开始啦！

"厨神"会读取相应的三维模型的信息。等接收到打印指令后，计算机就开始调取食材和配料，并调整使用的比例、颜色等，将食材和配料送入 3D 食物打印机，在计算机控制下，注射器喷头把食物均匀地喷射出来，一层接一层，层层叠加、黏合，最后美食就"搭建"出来了。

3D 食物打印机打印出的圣诞树蛋糕

3D 食物打印机打印出的"青花瓷"糖果

3D 食物打印机打印出的英式炸鱼

3D 打印技术正在蓬勃发展，如果它能像手机那样普及，我们的生活又会变成什么样子呢？我们衣食住行所需的东西，3D 打印都能帮我们打印出来，可以说，3D 打印已经承包了我们未来的生活。

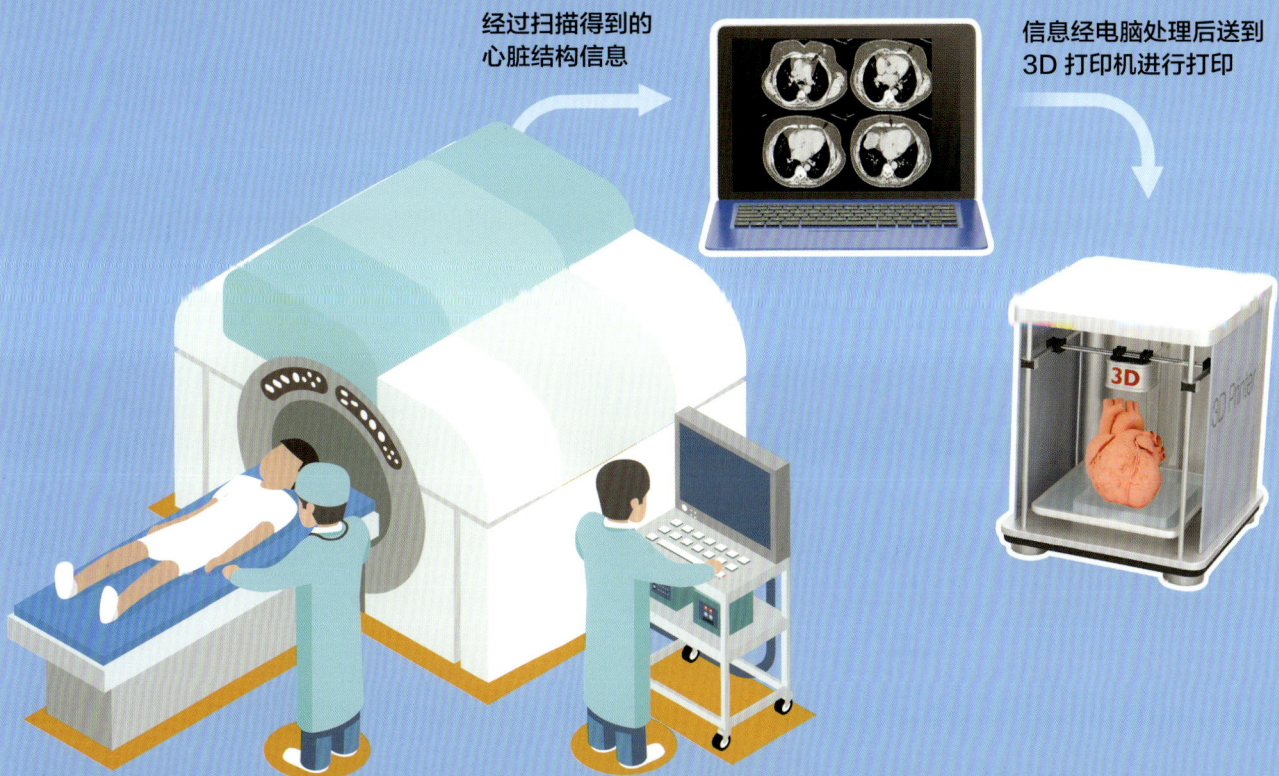
经过扫描得到的心脏结构信息

信息经电脑处理后送到 3D 打印机进行打印

打印心脏

欢迎进入纳米时代

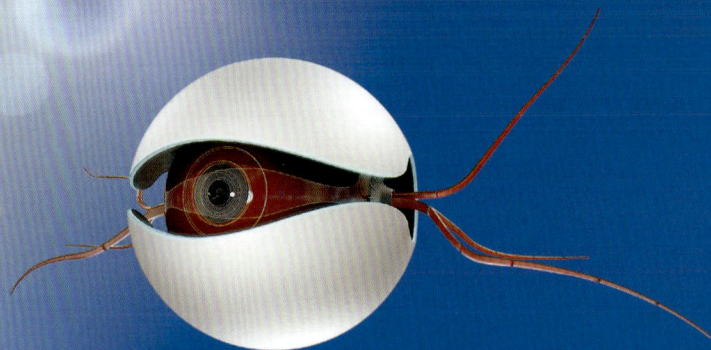

纳米是长度单位,但是它太小了,1纳米相当于十亿分之一米。想知道纳米有多小吗?让我们来看看几种用纳米计量的物体:一张纸的厚度约为10万纳米;人的头发丝直径为8万~10万纳米。如果这样还是不够直观的话,我们打一个简单的比喻:我们手上拿着一个直径为10厘米的皮球,皮球边上有一个直径为1纳米的粒子,这个皮球跟1纳米粒子的比例,就相当于我们的地球跟这个皮球的比例,约为一亿比一。

21世纪的人们,你们好,我的名字叫NB-12,我是来自未来的纳米机器人。我来这儿是想告诉你们,在纳米技术的帮助下,未来会发生哪些激动人心的事情。当然,这还有点遥远,不过,你肯定无法想象,我们那个世界与你们所处的世界是多么惊人的不同。现在扣紧你们的安全带,和我一起开始这场通往未来纳米世界的奇妙探险吧!

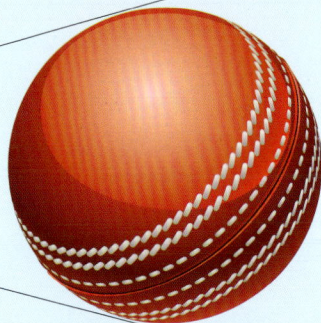

粒子

皮球

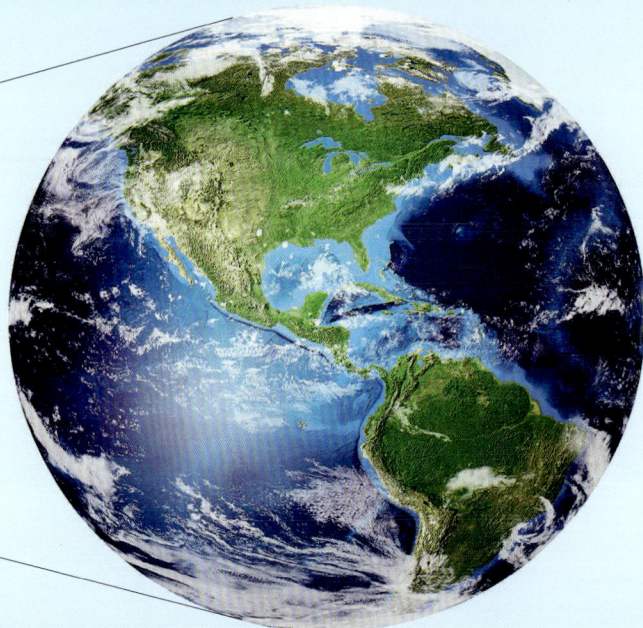

地球

指尖上的食物

你们肯定有过这样的经历：深夜肚子饿得咕咕叫，商店和超市都关门了，买不到想吃的东西；或者忽然特别想吃甜品的时候，周围找不到任何冰激凌、圣代或者甜酒。好吧，在未来，这些麻烦都不会存在，因为我们找到了解决的办法。

依靠纳米技术，你只需要简单地按下一个按钮，就能启动原子，使原子按照指定的顺序排列，制作出想要的食物。汉堡、比萨和玉米饼？没问题，食物复制器几乎可以制作出任何你想要的食物，并且只要一眨眼的工夫。

当然，我们还是有超市和商店的。毕竟，没有什么能够替代家庭种植、非复制的食物！

能复制的不仅仅是食物

不仅仅是食物，在未来的纳米时代，你会发现科学家已经可以利用分子组装器排列原子来复制出自然界中的物体了。空气、水，甚至是土壤中的原子都可以拿来创造一个全新的非生命体。你可以制作出牙刷、冬季夹克等。如果你需要的话，做一台电脑、一把吉他也没问题，分子组装器都能够轻松完成。

利用分子组装技术得到的"X""Y"结构

未来的纳米机器人
NB-12

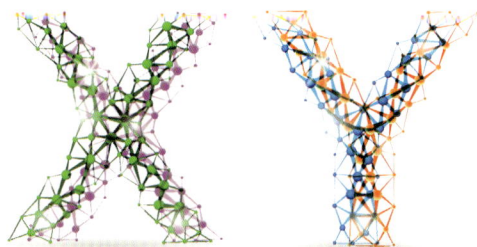

太空中的变形金刚

在纳米时代，我们已经找到了在火星建立定居点的方法，在小行星、月球和其他星球上也可以！我们实现这些的方法源于纳米技术设计的灵活性。像我一样的纳米机器人就是太空旅行的关键。在空间穿梭时，我们可以改变形状、大小及用途，并能在行星表面着陆、漫游。

组装器从火星、卫星及其他小行星上获取原子，制造人类所需的东西。基础设施和耕地正在太空被大规模地制造和开发。原本不适合生存的星球成为人类完美的栖息地。更便利的是，太空建筑车可以迅速变形为航天飞机，搭载人类往返于空间站和行星。

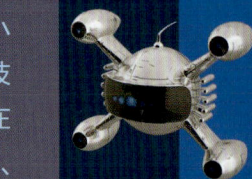

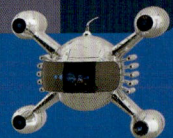

纳米忧患

纳米技术改变了我们的世界，然而，也出现过令人头疼的问题。如果某一个组装器无法停止自我复制，造成被复制原子的泛滥和不可控，最终将会破坏整个环境。上周，一个分子组装器由于故障无法停止生产大豆。现在，我们的工厂里储存了大概 10 年都消耗不完的大豆。

我们还担心复制机的泛滥会让大部分的购买行为消失，因为每个人都可以制作任何他们想要的东西。纳米时代需要严格的法律法规。货币复制机是法律禁止的，这个你懂的。而更让一些专家担心的是，纳米技术最终将应用于人类自身。这意味着未来的纳米技术有可能深入人体，未来人类的寿命将远远超过你的想象。随之而来，纳米技术有可能克隆人类。光是这个想法就让很多科学家担忧纳米技术可能给人类带来种种威胁。

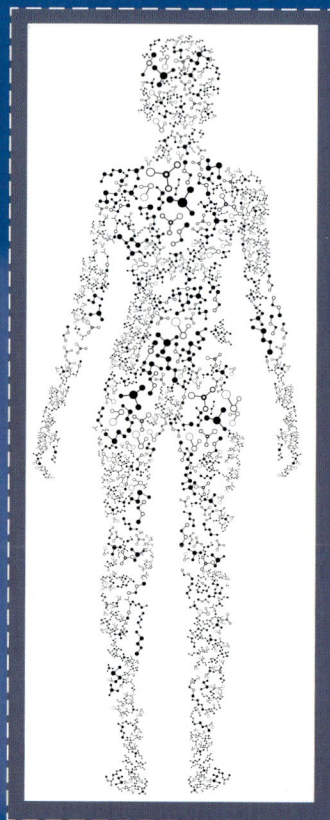

不管怎样，纳米技术创造的神奇未来正等着你。当然，可能还要很久。据我所知，21 世纪还不是纳米组装的世纪，研发纳米组装器的成本会远远高于被组装的物体的价值，所耗费的时间和精力会令人望而却步。但耐心一点，你就会不断发现很多细微的改变。

我要回未来了，再见，朋友们！我是 NB-12。

纳米特性

当物质从"大世界"进入 1~100 纳米的"小世界"后，不仅仅是体积变小，它们的属性也会发生改变。

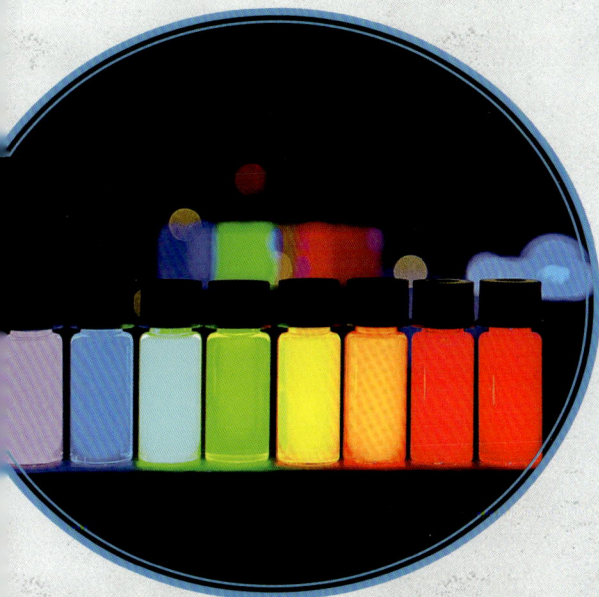

银白色的金属块变成纳米级的金属粉末之后，就会失去光泽变成黑色。利用这个特性可以高效地将太阳能转化为热能和电能。

这些小瓶子里装的其实都是同一种物质的纳米粒子悬浊液，呈现的颜色之所以不同，是因为悬浮在里面的纳米粒子大小不同。

大自然中的神奇纳米

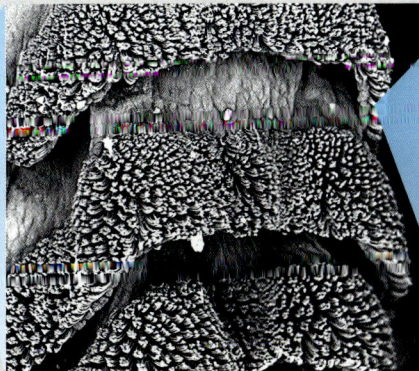

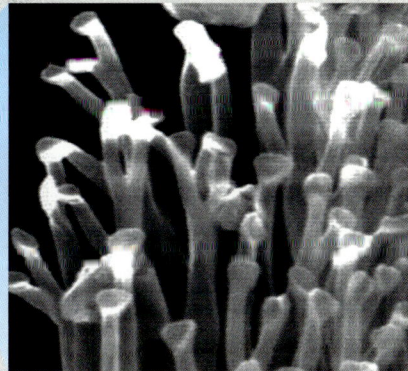

在人类体验到纳米技术的神奇之前，大自然就已经巧妙地运用纳米原理了。

当水滴触碰荷叶时，不仅荷叶不会湿，水珠还会滑落并带走荷叶上的灰尘。科学家通过高倍显微镜发现，荷叶表面布满了纳米级别的小乳突，这种细微的纳米结构使水珠不易与荷叶表面接触。科学家模仿荷叶，制造出了具有自动清洁功能的纳米防水材料。

壁虎脚趾表面的纳米级细胞和圆盘

当虚拟照进现实

上一秒还与恐龙一起狂奔，下一秒即可在宇宙中大战外星人，透明的电脑页面可以随手操控，激光剑的颜色可以任意选择……不要觉得这些科幻电影中的酷炫场景太过高大上，这些"黑科技"几乎可以出现在你未来生活的各个角落，能把电子信息和现实结合，让你看到一个更有层次的世界！

走进增强现实
（Augmented Reality, 缩写成 AR）

即使你没有天文望远镜，也可以真切地看到遥远的行星；即使你身在北半球，也可以饱览南天的星座。你需要做的事情，就是拿出移动设备（手机或平板电脑）下载一个 APP，打开这个应用，将你的设备指向任意方位，这个方位上的真实星空便会呈现在你的设备屏幕上，哪怕是在白天！这款叫"星图"的软件利用 AR 技术，用虚拟图像在现实的天空影像上补充了我们看不到的内容。

它是如何实现的呢？你手机系统内的指南针、全球定位系统及重力系统会一起准确定位，模拟出你的视角。当你将设备对准星空的某个方位时，设备上的屏幕就会呈现这个方位上的星星。你的手机仿佛变成了一架迷你天文望远镜，而这架"天文望远镜"还提供搜索功能，你可以调出对应星系，并查看星系中有关某颗星球的说明。这些图像也确实是由先进的天文望远镜或探测器拍摄的，因为与你所在的实际地点相联系，所以就像是自己亲眼看到的一样。

除了星图，利用 AR 技术的软件已经随处可见。博物馆还可以将虚拟的恐龙形象与恐龙骨骼化石结合，只要转动移动设备，将摄像头对准恐龙骨骼的任意位置，就能在屏幕上看到该部位的皮肤，看到活灵活现的恐龙。

星图的应用（背景是有云雾的天空）

增强现实就是在真实场景上添加一些跟该场景相关的影像和信息。你首先获得真实世界的信息数据，再由计算机推算、搜索或模拟出与之对应的虚拟的添加物，并叠加到真实场景中去。

"Iron HUD"这款游戏让你体验到平视显示器（HUD）能看到的效果。就好像你在科幻片《钢铁侠》中看到的钢铁侠视角。钢铁侠可是增强版的人类，而我们似乎也在走向这个目标。

沉浸在虚拟现实
（Virtual Reality, 缩写成 VR）

未来，出现在人们的视线中的可能是他们和它们

虚拟现实是能够产生三维空间的一种虚拟呈现。比如，看传统电影时，只能看到面向银幕的这一方向的情景，而在虚拟现实电影里，当你转过头，你可以看到对面的情景。

VR 和 AR，谁将主宰未来？

增强现实（AR）是将虚拟的图像加在我们看到的真实世界之上；而虚拟现实（VR）是让我们沉浸在一个360°的虚拟世界里，没有真实世界的叠加，你的感官几乎和现实世界脱轨。总体来说，两者的应用场景是不一样的。最近几年，虚拟现实装备主要应用于游戏，而增强现实技术将会被越来越多的汽车公司采用。未来，这两种技术将不分伯仲，让我们的现实生活与虚拟世界进行融合，全方位将我们的生活和科幻世界对接起来。

未来的「大数据」医疗

大数据，顾名思义就是数量极其庞大的数据资料。从 20 世纪 80 年代开始，每隔 40 个月，世界上人均科技信息存储量就会翻倍。现在每天都会有几 ZB 的数据产生。这是怎样一个概念？

1ZB=1024EB

=1024×1024PB

=1024×1024×1024TB

=1024×1024×1024×1024GB

如果一台电脑硬盘容量是 1TB，那么 1ZB 就大致相当于 10 亿台电脑的硬盘容量。说是信息大爆炸真是一点也不为过！

医疗大数据从哪来？

医疗健康系统数据不仅包括传统的医疗记录和 X 射线照片、磁共振及 CT 的影像记录等，也包括数据量更庞大的基因测序数据。此外，这些数据还来自各种可穿戴设备，这些设备让血压、心率、体重、血糖和心电图等的实时监测变为现实，信息获取和分析的速度已经从原来的按"天"计算，发展到了按"小时"、按"秒"计算。

基于不同传感器的可穿戴医疗设备

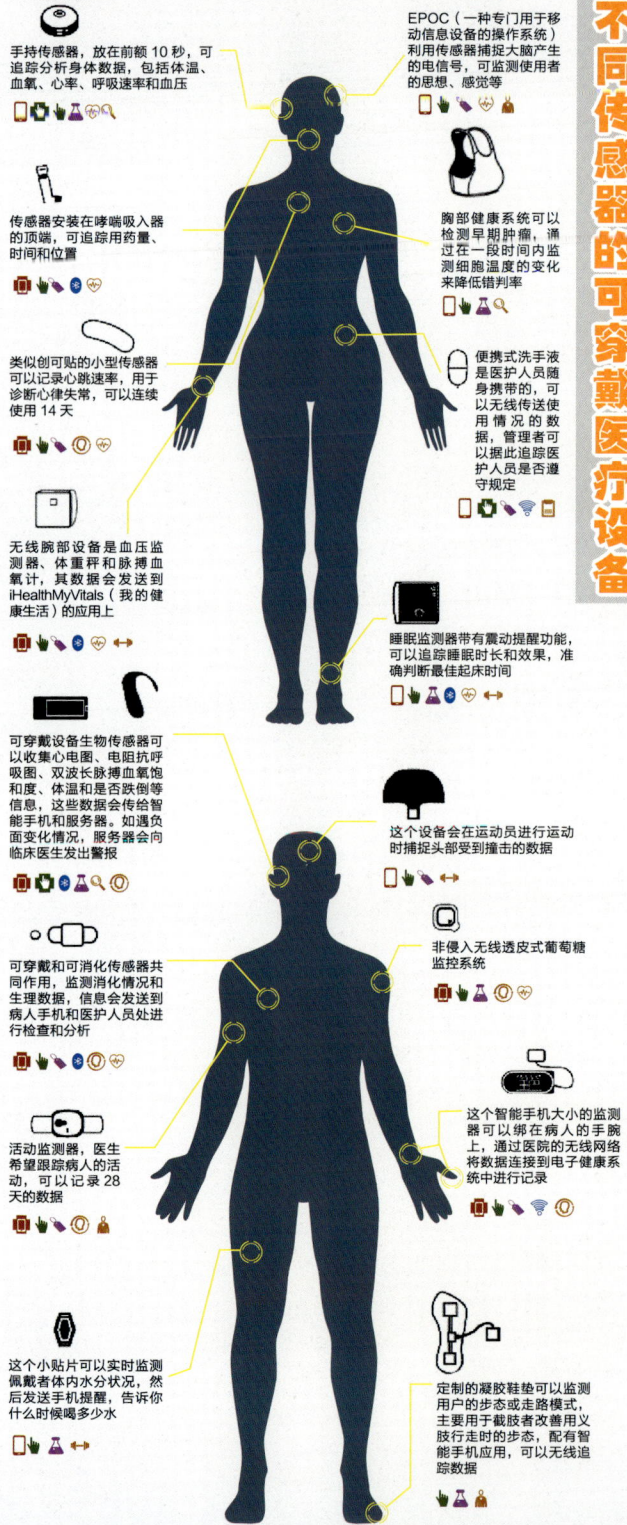

设备类型：医疗 消费

用户：医护人员 消费者

无线连接：蓝牙 WIFI

产品状态：在售 研发

用途：健康健身 慢性疾病管理 早期检测 连续监测 黏附 康复

手持传感器，放在前额 10 秒，可追踪分析身体数据，包括体温、血氧、心率、呼吸速率和血压

EPOC（一种专门用于移动信息设备的操作系统）利用传感器捕捉大脑产生的电信号，可监测使用者的思想、感觉等

传感器安装在哮喘吸入器的顶端，可追踪用药量、时间和位置

胸部健康系统可以检测早期肿瘤，通过在一段时间内监测细胞温度的变化来降低错判率

类似创可贴的小型传感器可以记录心跳率，用于诊断心律失常，可以连续使用 14 天

便携式洗手液是医护人员随身携带的，可以无线传送使用情况的数据，管理者可以据此追踪医护人员是否遵守规定

无线腕部设备是血压监测器、体重秤和脉搏血氧计，其数据会发送到 iHealthMyVitals（我的健康生活）的应用上

睡眠监测器带有震动提醒功能，可以追踪睡眠时长和效果，准确判断最佳起床时间

可穿戴设备生物传感器可以收集心电图、电阻抗呼吸图、双波长脉搏血氧饱和度、体温和是否跌倒等信息，这些数据会传给智能手机和服务器。如遇负面变化情况，服务器会向临床医生发出警报

这个设备会在运动员进行运动时捕捉头部受到撞击的数据

可穿戴和可消化传感器共同作用，监测消化情况和生理数据，信息会发送到病人手机和医护人员处进行检查和分析

非侵入无线透皮式葡萄糖监控系统

活动监测器，医生希望跟踪病人的活动，可以记录 28 天的数据

这个智能手机大小的监测器可以绑在病人的手腕上，通过医院的无线网络将数据连接到电子健康系统中进行记录

这个小贴片可以实时监测佩戴者体内水分状况，然后发送手机提醒，告诉你什么时候喝多少水

定制的凝胶鞋垫可以监测用户的步态或走路模式，主要用于截肢者改善假肢行走时的步态，配有智能手机应用，可以无线追踪数据

大数据的用途

找到相同的病人：医生的治疗水平很大程度上由医学知识和病例积累，也就是由经验所决定。但是，不管积累 30 年还是 50 年，这些经验依然是有限的，它一定没有拥有全部患者就医数据的电脑系统"见"多"识"广。医疗大数据系统积累了上百万条药物、治疗方案和病例等信息，患者输入自己的身体状况、年龄和不适部位等，系统就会给出一个非常明确的诊断结果和理想的个性化治疗方案。通过这种系统筛选出的治疗方案可能会比医生的方案效果更好。多年来找不到病因的疑难杂症患者在医疗大数据的帮助下可以快速确诊。

比较治疗效果：医生可以全面分析患者的数据并比较大数据中相似的病例，通过对患者身体状况、治疗费用和疗效数据进行精确分析，找到适合患者的最佳治疗方案。

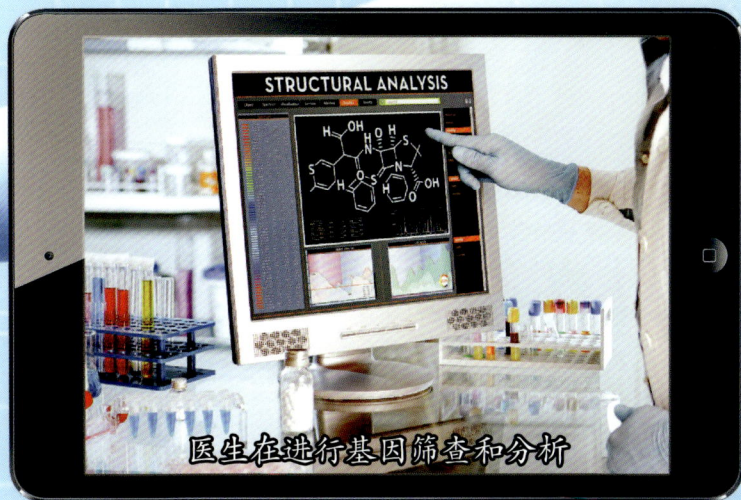

医生在进行基因筛查和分析

"HealthMap"是一个利用大数据反映疫情的网站，它能抓取来自社交网络、新闻、政府网站和传染病医生社交网络及其他渠道的数据，用于探测和追踪疫情的发展

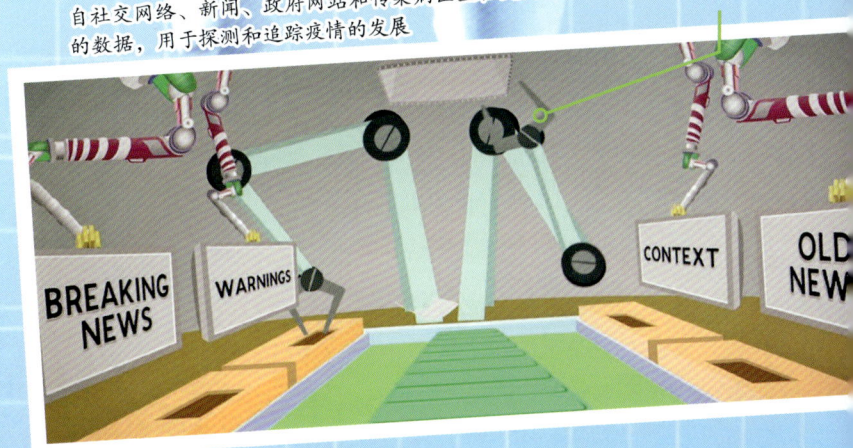

未来，也许洗手间里的智能镜子可以一边播报新闻，一边监控你的健康状况。它连接着多个传感设备，摄像头能捕捉你的血流量变化，智能牙刷可以探测体温、分析唾液，马桶上的传感器会搜集细菌、蛋白质变化等信息。你身边的这些健康传感器可以实时追踪你的动态，从不同层面提供更全面的数据。"大数据"将为人类的健康问题提供更精确的帮助。

无线体温探测器

跨时空校园

在耶鲁大学管理学院的新楼里，有一个媒体控制中心，技术人员监控着几十个屏幕。在一面墙上，一个巨大的屏幕展示着大楼里正在上课的教室。这里就像一个小型的电视台，每一间教室都在录制一个节目。教授可以获得讲课的视频，缺课的同学可以回顾课堂内容。教室里的大屏幕连着网络，嘉宾可以在世界任何地方给学生做讲座。

不仅是耶鲁大学，现在很多世界级名校都通过网络开课。任何人不管在地球上的任何地方，只要能连接互联网，就可以走进网络在线课堂。这些课程后来也有了一个统一的名称，就是"MOOC"，中文常翻译为"慕课"。现在，已经有很多网站在提供慕课了，我国的清华大学、上海交通大学、果壳网也开始开设慕课课程。"Coursera""Udacity"和"edX"是目前国际上的三大慕课平台。

慕课（MOOC）

第一个字母"M"代表Massive（大规模）：传统课堂只有几十或几百个学生，而一门MOOC课程动辄上万人。

第二个字母"O"代表Open（开放）：以兴趣为导向，凡是想学习的人，都可以进来学，不分国籍，不分年龄，只需一个邮箱，就可以注册参与。

第三个字母"O"代表Online（在线）：不仅授课模式是在线的，绝大部分的课堂交流也都在网络上进行。相隔甚远的同学，可以同时听一堂课，并一起讨论学业。

第四个字母"C"代表Course（课程）：在课程中，有学习效果评估，也会布置作业、设置考试和颁发结业证书。

M — MASSIVE

O — OPEN

O — ONLINE

C — COURSE

远程教育的学生可以遍布世界各地

未来课堂

如果把时间设定在2050年，那时的孩子会怎样学习呢？

当你头戴智能眼镜时，在线的学习资源会出现在你的眼前。眼镜不仅通过无线网络连接到你的水滴大小的量子计算机上，同时还可以无痛地插入到皮肤下面。量子计算机中有各种视频链接，还有成套的练习题软件。

每个人可以选择不同的内容学习，老师不在时，代班的可能是一位人工智能老师。它不仅能巡视每个人的学习进度，还可以同时给予学生一对一的辅导。虽然这样的教学完全可以在家进行，但是10多年前通过的法案要求所有的学生每周至少有20个小时与他人接触的学习时间。这包括集体的体育运动、课间休息及同学之间可以互相帮助的课堂学习。老师的责任是指导学生自学，而不是单向传授知识。

虚拟现实技术的使用让"动手课"丰富了许多。你可以在电脑上用模块组装太阳能汽车，用程序进行各种性能检查，如果你对各方面都很满意，不仅可以用虚拟现实技术模拟开车，还可以用3D打印技术把你的汽车打印出来。

你可以根据兴趣，挖掘不同深度的课程内容，这也就是所谓的个性化学习。

你可能说："等到那时候，我早毕业了，这些和我还有关系吗？"当然，即使从学校毕业，你仍需要不断学习。一些传统的职业会被机器人代替，比如出租车司机，而人类将从事更需要创新的工作，所以要不断拓展新的技能。另一方面，你会发现，你有时间发展更多业余爱好！那时，你将享受学习！

计算机大穿越

1983
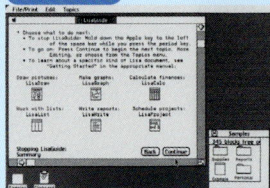
Apple Lisa 是苹果公司的第一个图形用户界面（GUI）操作系统

1985

Windows 1.0x 是微软第一款基于图形用户界面（GUI）的操作系统

1991

System 7 (Mac OS 7) 是当时最受欢迎的操作系统

1981

1980 年，MS-DOS 由西雅图电脑产品公司的程序员编写，当时命名为"86-DOS"系统。1981 年，美国微软公司购得其版权，更名为"MS-DOS"，并于同年发布

1984

Mac OS System 1.0 是苹果电脑使用的第一个 Macintosh 操作系统

1987

Microsoft Windows 2.0 源自 Windows1.0，与其不同的是，它可以重叠程序窗口

1989

NeXT STEP 是乔布斯开发的 NeXT 电脑的操作系统，它对电脑产业有着深远的影响

1980   1985   1990

1977
Apple II

1976
Apple I

1981
IBM 5150

1982
Commodore 64 是家用电脑，因成功植入了游戏，它成为当时最畅销的电脑

1983
Tandy 推出的 Model 100，重量仅为 1.4kg，是一款便携式笔记本电脑

1984
Apple Macintosh 是苹果电脑公司第一款面向大众市场的电脑，它配备了图形操作系统和鼠标

1986
康柏 Deskpro 386 是当时运行最快的电脑

1987
IBM PS/2 重新定义了 PC 标准，键盘和鼠标的 PS/2 接口就是由它定义的

1991
苹果 PowerBook 100 优化了键盘设计，使之更加人性化，中间还设计了一个大的轨迹球

1992
IBM ThinkPad 700C 通身采用黑色设计，且在键盘的中间设计了红色 TrackPoint 指示杆

陈旧机器的味道伴随着滋滋的电流声渐渐扩散开来，萤火虫般的指示灯无节律地闪烁，如同衰老的心脏一样无力地跳动着……这是一台布满尘土、外壳焦黄的陈旧计算机，它接通了电源，在数次努力之后终于勉强开机，仿佛穿越了三十年的时空，但却无法回到当年意气风发的时代。

"喂，快看，那台老古董的样子真的好土哟！"最新款的笔记本电脑们通过无线网络窃窃私语，"它连

1992

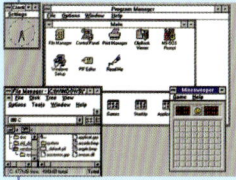

Windows 3.1 使用了支持输出设备的全真字体，使 Windows 可以用于印刷

Google

1998

谷歌公司成立

1999

X
Mac OS X

苹果公司推出了为 Macintosh 电脑专属的图形用户界面操作系统 Mac OS X

2000

WIKIPEDIA
The Free Encyclopedia

维基百科推出

Bai百度

百度公司成立

facebook

2004

社交网络服务网站 facebook 成立

chrome

2008

谷歌公司开发了免费的网页浏览器 chrome

2007

android

安卓系统发布

2016

Windows 10 引入了 Microsoft 描述的"通用应用程序"，还设计了一个新的开始菜单

intel
Pentium D
inside

1995

Windows 95 增加了桌面工具条，使用了著名的"开始"按钮

1993

奔腾处理器上市

2001

Microsoft
Windows xp

iTunes
应用程序推出

Windows Vista

vista 系统发布

1995   2005   2010

到 2002 年，全球已经售出 10 亿台个人电脑

1995

PowerMac 5200 上市

MacBook Pro 上市

2006

MacBook Pro 上市

2002

第二代 iMac 采用了圆顶形底端和旋转臂设计，显示屏可以进行适度的调整

Kindle
电子书阅读器上市

2007

2010

iPad 上市

1994

RISC PC 上市

1998

iMac G3 是一台一体机，将显示屏与系统单元都集成在一个机箱中

2003

Power Mac G5 是市场上第一款 64 位个人电脑，并使用了阳极氧化铝的金属材料机箱

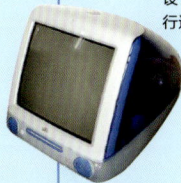

1996

Pilot 1000 掌上电脑上市

2008

第一台苹果 iPhone 上市设备上市

一张图片都打不开，更别提上网和运行大型 3D 游戏了，甚至连现在的手机都不如！应该早点被垃圾场回收呀！"嘲笑的语气，通过"23333"（网络流行语，表示大笑）的网络流行语在虚拟世界中传播着。

"别太自恋了！"角落里的台式电脑立刻打断了它们的话，"没有前辈们，就没有今天的我们！"它搜索出计算机简史，开始在显示器上缓缓播放……

生物"特工"出动
——未来计算机

计算机设备现在无处不在，超级计算机、台式电脑、笔记本电脑、平板电脑、智能手机、智能手表，它们形式各异，但是都通过读取机器语言编辑的程序来行动，程序里写了什么，它们就会做什么。但若想让它们同时完成很多很多件事情，就需要给它们提供更快更多的处理器，更多的能量及时间。因此，遇到了特别复杂的问题，大家就不得不求助于超级计算机。但是有没有更好的解决办法呢？

就在你读这篇文章时，也许上百万个你看不见的"生物特工"已经在训练执行任务。这些超级"特工"并不是真正的"007"。它们实际上是一种生物分子，你看不见它们，它们的个头都是以纳米衡量的，它们会直接从内部接管，彻底颠覆现在计算机的形式。

ATP（三磷酸腺苷）驱动计算机

这支"生物特工队"原本是驱动我们人类肌肉运动的"小马达"，它们是肌动蛋白纤维、肌球蛋白和 ATP。

科学家在一个拇指大小的芯片上制作了一个由大批微小细管组成的网格，就像交错的城市街道。这些网格细管是让"生物特工队"行走的，肌动蛋白可以通过行走来数数。没错，就是那种很笨很原始的计算方式，但是由于参与计算的肌动蛋白数量庞大，反而可以化繁为简，有效地解决超级计算机都很难完成的复杂问题。

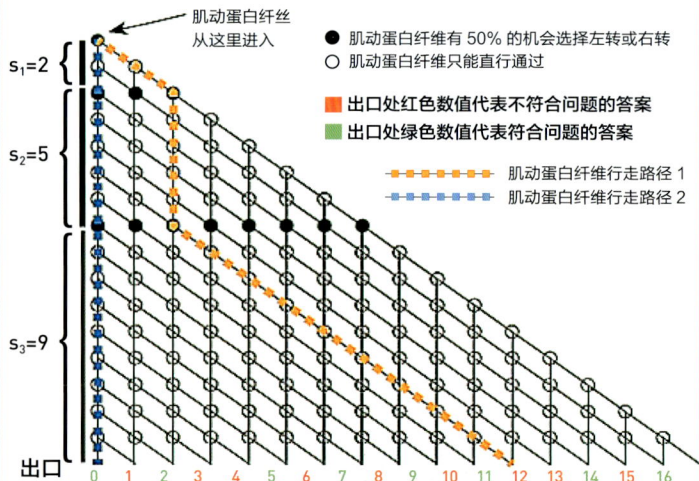

肌动蛋白纤维在通道网中的模拟路径

肌动蛋白纤丝从这里进入

$s_1=2$
$s_2=5$
$s_3=9$

出口

0 1 2 3 4 5 6 7 8 9 10 11 12 13 14 15 16

● 肌动蛋白纤维有 50% 的机会选择左转或右转
○ 肌动蛋白纤维只能直行通过
■ 出口处红色数值代表不符合问题的答案
■ 出口处绿色数值代表符合问题的答案
▪▪▪ 肌动蛋白纤维行走路径 1
▪▪▪ 肌动蛋白纤维行走路径 2

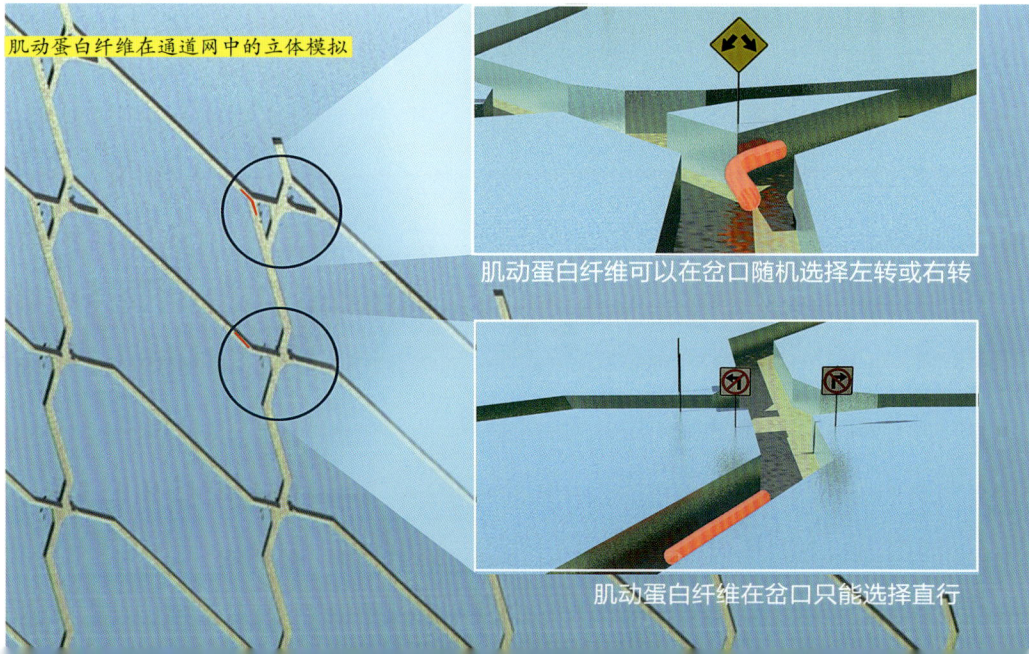

肌动蛋白纤维在通道网中的立体模拟

肌动蛋白纤维可以在岔口随机选择左转或右转

肌动蛋白纤维在岔口只能选择直行

你知道吗？

超级计算机是指能够极高速运算并处理大量数据的计算机，这种性能使很多复杂的模拟得以实现。

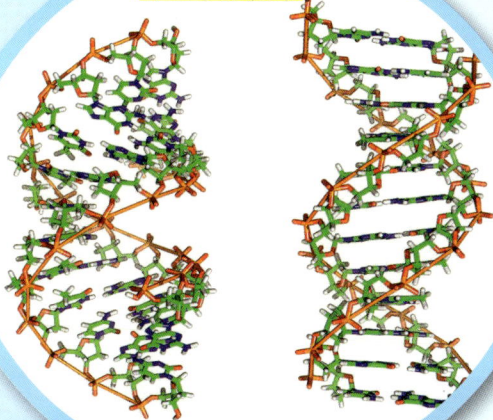

DNA 的 A 形态（左）和 B 形态（右）

DNA 计算机

DNA 是脱氧核糖核酸的简称，它记录着遗传的密码，能引导生物的生长。研究表明，DNA 分子有 A、B 两种形态。B 形态导电性极差，但是 A 形态下电流很容易通过。实验证明，DNA 可以在两种形态间来回转换。科学家这一发现就相当于找到了能控制电流的生物开关。

一台计算机中包含上百万个电子开关，执行任务时可用的电子开关越多，计算机的性能就越强，速度就越快。不过随着计算机的体积不断缩小，如何在计算机处理器上安装更多的开关便成了一个挑战。有了分子规模的开关，计算机的性能就能不断提高，体积也可以继续缩小。

黏菌计算机

千万别用纸擦掉这摊黏糊糊的黄色"鼻涕"，它可是科学家的宝贝。虽然看起来一点都不像生物，但这"鼻涕"的确是一种名为多头绒泡菌的微生物，它最喜欢的是阴凉潮湿的枯枝败叶，以真菌孢子、细菌和其他微生物为食。被选为科学家的宠儿，是因为它独特的技能：生成迷宫般的微型管道网，并通过管道四处移动。

培养皿中的黏菌

黏菌生长在电路板上，但电路板没有通电，黏菌确实可以生长在琼脂培养基以外的物质上

人工智能三部曲

人工智能，就是要利用电脑的长处，让电脑向人脑"学习"，并模拟、延伸，使得电脑能像人那样思考，甚至超过人的智能。

人工智能的进化之路

弱人工智能

"弱人工智能"是指擅长单方面的人工智能，在某些方面比人类强，但是在整体上远远不如人类，没有自我意识，只是台机器。比如战胜国际象棋世界冠军的人工智能电脑"深蓝"，它只会下象棋，你要是问它这道题怎么做，它就会立刻死机！

"深蓝"时代

卡斯帕罗夫

智商 190，当今世界最聪明的人之一。1985 年至 2006 年间，他曾 23 次在国际象棋比赛中排名第一，被认为是有史以来最强的国际象棋棋手之一。

"深蓝"

美国 IBM 公司生产的一台超级国际象棋电脑，重 1270 千克，有 32 个"大脑"（微处理器），每秒可以完成 2 亿次运算。

苦思的卡斯帕罗夫

目前最先进的人工智能系统，在总体智力方面只相当于普通 4 岁儿童的水平

1997 年 5 月 11 日，"深蓝"在正常时限的比赛中，首次击败了排名世界第一的棋手卡斯帕罗夫。这是科学家首次在大众面前展现人工智能的威力。

象棋的顶尖高手"深蓝"，拥有象棋领域大量的知识，具备象棋专业的思维和推理能力，能够用这些知识和能力打败人类棋手。还有许许多多的人工智能，它们可以比国际闻名的医生更高明，比最好的同声翻译更快捷、更准确，但它们的智力却不及 4 岁的人类儿童。

因为它们在推理、理解和自我意识方面可以用"差劲"来形容。它们连"你可以在哪里找到一只企鹅？""我们为什么要握手？"或者"房子是什么东西"之类的问题都回答不上来。

目前的很多人工智能，就是类似"深蓝"的这种弱人工智能，它们很听话，而且很努力，它们是专业领域的"天才"，却是其他方面的"蠢材"。它们带着强大的"基因"，却幼稚而弱小。

天河时代

人脑的运算能力每秒大约是 1 亿亿次！要想使人工智能进化成为"强人工智能"，像人脑一样聪明，拥有自我意识、推理和解决问题的能力，它的运算能力至少要与人脑相当，所以关键是要提高电脑的处理速度。

中国的超级计算机"天河二号"已经超越了人脑运算能力，每秒能进行 3.4 亿亿次运算。但"天河二号"是一个庞大且昂贵的机器。当用 1000 美元能买到拥有人脑级别的 1 亿亿次运算能力的机器的时候，"强人工智能"可能就是生活的一部分了。

"天河二号"

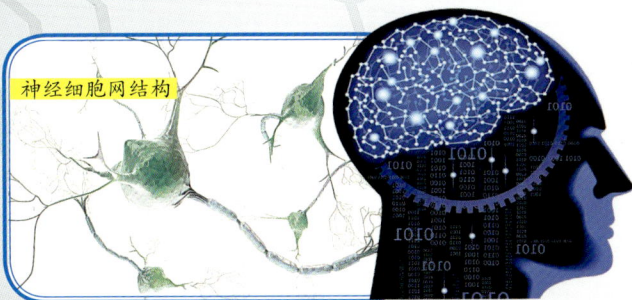
神经细胞网结构

而实现"强人工智能"最关键的一步还是将"电脑"变成"人脑"。科学家尝试用电路组成的人工神经网络模仿人脑神经元，继而上升到"整脑模拟"，也就是在计算机中重建大脑。迄今为止，人类刚刚能够模拟 1 毫米长的扁虫的大脑。扁虫的大脑有 302 个神经元，而人类的大脑有 1000 亿个神经元。这听起来似乎遥遥无期，但是要相信科技快速发展的威力——我们已经能模拟小虫子的大脑了，离模拟蚂蚁的大脑就不远了，接着是老鼠的大脑……直至人类的大脑。

人工模拟的智能演化

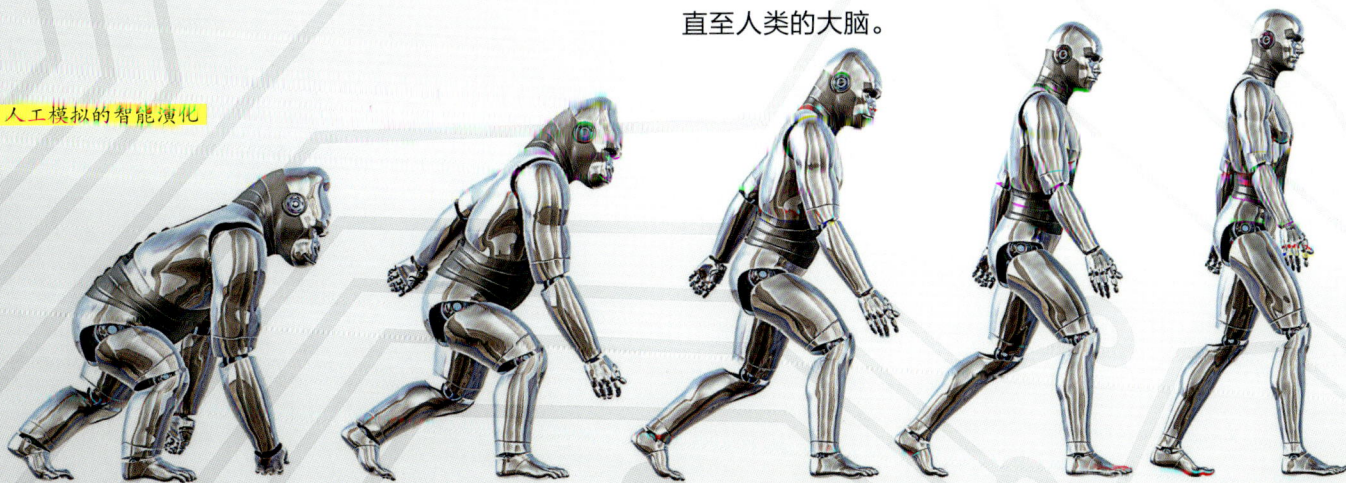

人类 VS 机器人

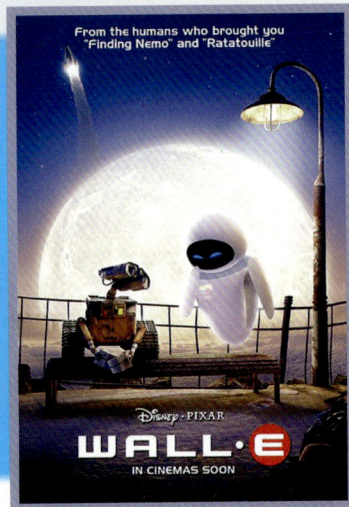

在电影《机器人总动员》中，未来地球已经被人类祸害成了一个巨大的垃圾场，生命几乎全部消失。人类迁移到太空中，只剩下可爱的小机器人照看着这个世界，日复一日地清理人类留下的垃圾。电影里的人类大腹便便，如果没有机器，简直是寸步难行，而机器人却十分聪明能干。幸运的是，这里的机器人似乎仍受阿西莫夫的"机器人三大法则"所约束，不会对人类产生威胁。当然，要是机器人想要动手，人类连还手的能力都没有。

不仅仅是这部电影，还有诸多的科幻作品都在讨论相同的问题：人类和机器人，谁能主宰未来？

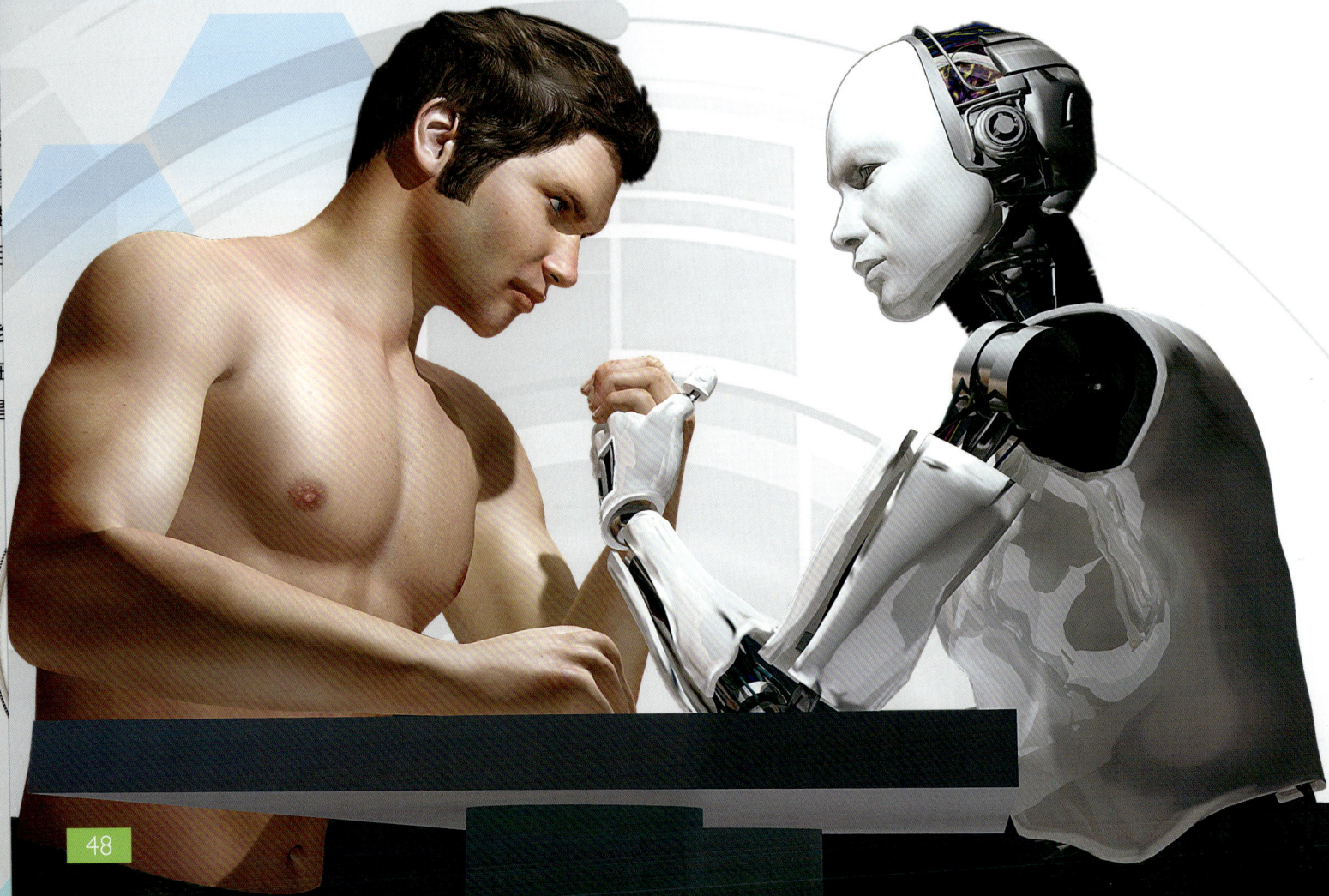

天河时代

人脑的运算能力每秒大约是 1 亿亿次！要想使人工智能进化成为"强人工智能"，像人脑一样聪明，拥有自我意识、推理和解决问题的能力，它的运算能力至少要与人脑相当，所以关键是要提高电脑的处理速度。

中国的超级计算机"天河二号"已经超越了人脑运算能力，每秒能进行 3.4 亿亿次运算。但"天河二号"是一个庞大且昂贵的机器。当用 1000 美元能买到拥有人脑级别的 1 亿亿次运算能力的机器的时候，"强人工智能"可能就是生活的一部分了。

"天河二号"

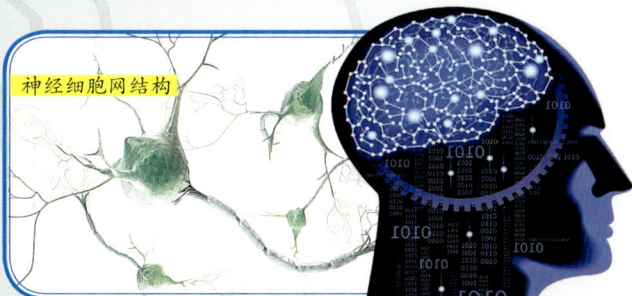
神经细胞网结构

而实现"强人工智能"最关键的一步还是将"电脑"变成"人脑"。科学家尝试用电路组成的人工神经网络模仿人脑神经元，继而上升到"整脑模拟"，也就是在计算机中重建大脑。迄今为止，人类刚刚能够模拟 1 毫米长的扁虫的大脑。扁虫的大脑有 302 个神经元，而人类的大脑有 1000 亿个神经元。这听起来似乎遥遥无期，但是要相信科技快速发展的威力——我们已经能模拟小虫子的大脑了，离模拟蚂蚁的大脑就不远了，接着是老鼠的大脑……直至人类的大脑。

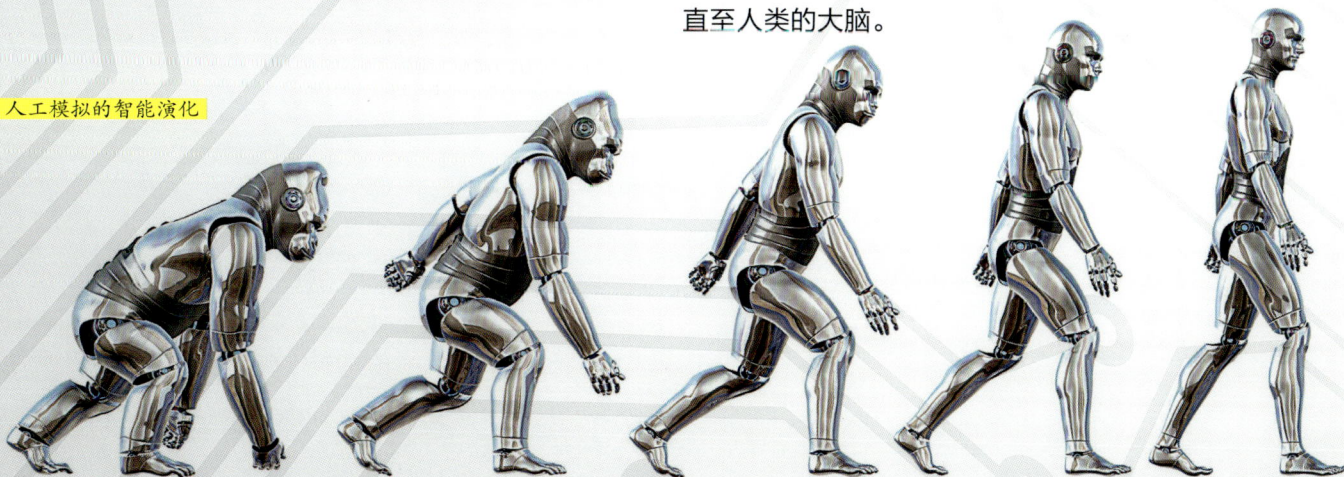
人工模拟的智能演化

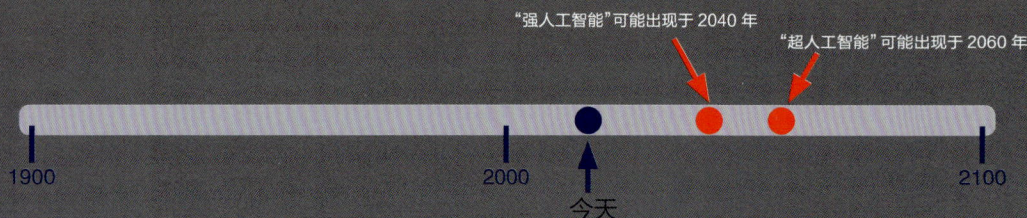

"强人工智能"可能出现于 2040 年

"超人工智能"可能出现于 2060 年

1900　2000　2100

今天

超脑时代

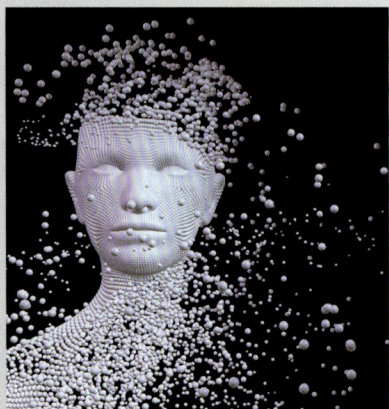

一个运行在特定智能水平的"强人工智能"，具有自我改进的机制。一个反复进化了数亿次的"强人工智能"在不断自我改进、反复磨炼中，其智能水平将越来越高。"Duang！"一个不经意的契机，促成了智能爆炸，它达到了"超人工智能水平"，"神功"练成，"超脑"诞生！

这就是科幻电影里所预测的人工智能的奇点，一个超越人脑的时刻。"超人工智能"有多聪明，可能已经超越了人类的想象力。人类和"超人工智能"的智能等级距离，可能远远大于猩猩和人类的智能等级距离，甚至可能大于蚂蚁和人类的智能等级距离！

对于这个智商上万的"超人工智能"来说，衰老、不治之症、饥荒、雾霾，这一切都不存在。但愿那时"机器人三大法则"仍然是人工智能的最高准则！

如果把智能分等级，从蚂蚁到大猩猩有 5 级的差异，从大猩猩上升到人类只有 2 级，而从人类到"超人工智能"的距离多达几十级。

机器人三大法则

阿西莫夫是目前顶尖的科幻小说家之一，他在科幻小说《我，机器人》的引言中，引入了"机器人三大法则"。

第一法则：机器人不得伤害人类、或看到人类受到伤害而袖手旁观；

第二法则：除非违背第一法则，机器人必须服从人类的命令；

第三法则：在不违背第一及第二法则下，机器人必须保护自己。

后来，阿西莫夫又补充了"机器人零法则"：机器人必须保护人类的整体利益不受损害，其他三条法则都以这一条为前提。

图灵测试

1950 年，英国数学家图灵预言了创造出具有真正智能机器的可能性，他提出了著名的"图灵测试"。如果一台机器能够与人类展开对话（通过电传设备），而不能被辨别出其机器身份，那么我们可以称这台机器具有智能。

1952 年，图灵又提出了一个新的具体想法：让计算机来冒充人。如果超过 30% 的裁判误以为和自己说话的是人而非计算机，那就算作成功了。

2014 年，俄罗斯的一个团队开发了一款名为"尤金·古斯特曼"的计算机软件，成功地通过了英国雷丁大学组织的一项测试，让 33% 的被测试人相信它是一个 13 岁的男孩，成为有史以来首台通过"图灵测试"的计算机。

人类 VS 机器人

在电影《机器人总动员》中，未来地球已经被人类祸害成了一个巨大的垃圾场，生命几乎全部消失。人类迁移到太空中，只剩下可爱的小机器人照看着这个世界，日复一日地清理人类留下的垃圾。电影里的人类大腹便便，如果没有机器，简直是寸步难行，而机器人却十分聪明能干。幸运的是，这里的机器人似乎仍受阿西莫夫的"机器人三大法则"所约束，不会对人类产生威胁。当然，要是机器人想要动手，人类连还手的能力都没有。

不仅仅是这部电影，还有诸多的科幻作品都在讨论相同的问题：人类和机器人，谁能主宰未来？

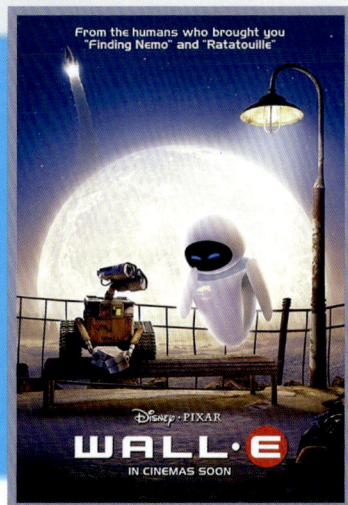

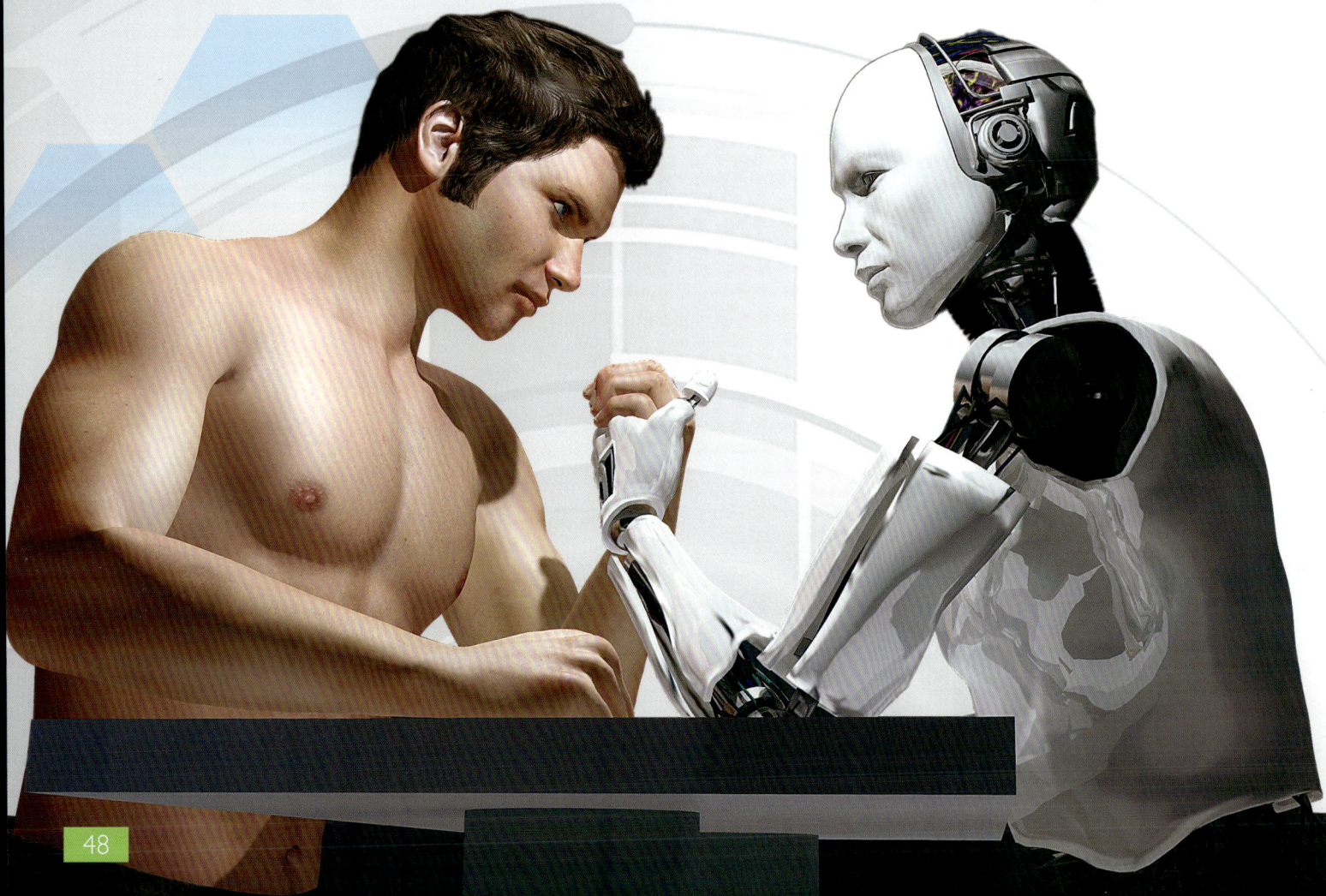

From the humans who brought you "Finding Nemo" and "Ratatouille"

Disney · PIXAR

WALL·E

IN CINEMAS SOON

人工智能的“苏醒”

2001年，库兹韦尔提出了“库兹韦尔定理”。该定理指出，自人类出现以来所有的技术发展都是以指数的形式增长的。一开始技术发展是缓慢的，但是一旦信息和经验积累到一定程度，发展就会变得迅速，然后以指数的形式增长。因此我们可以推测，当科技发展到了某一个时间点，会有一台超级智能机器“苏醒”，成为超人工智能的实体。

毫无疑问，这是一场“智能爆炸”，第一台超级智能机器是人类完成的最后一项发明。这是一个临界点，就是我们所说的“技术奇点”。跨越这一个临界点之后，超级人工智能机器人将进化出更先进的后代。由于其智能远超人类，因此技术的发展会完全超乎全人类的理解能力，超出预测与控制的范围。当越来越接近这个临界点，人类会感受到它越来越大的影响。当它最终来临的时候，会出人意料并且难以想象。

美国未来学家 雷蒙德·库兹韦尔

拥有39项专利和19个荣誉博士学位。比尔·盖茨称他是“预测人工智能未来领域的最佳人选”

奇点迫近

雷蒙德·库兹韦尔对未来科技做过如下的预测：

- **2020年**
  可以执行活体的大脑精确扫描，彻底地了解大脑，以至于模拟整颗大脑；

- **2030年**
  纳米装置可以直接注入脑部并且和脑细胞互相沟通；

- **2040年**
  人体3.0诞生，人体器官将由性能优秀的人工器官接管；

- **2045年**
  人类智慧和机器智能结合，奇点出现；

- **2045年以后**
  人工智能将赋予越来越多的地球物质以计算能力，如此产生更多的智能，直到地球变成一个巨型电脑。接着，这个智能将会以地球为中心向整个宇宙发散，将宇宙中不会思考的物质转换成能够支持智慧生命体的基质。

在雷蒙德·库兹韦尔的理论中，奇点是指人类与其他物种（物体）相互融合的时刻。确切来说，是指电脑智能与人脑智能开始兼容的那个奇妙时刻。奇点观念已经成为当今世界未来学研究领域的一个前沿理论。

人类还能主宰未来吗？

经过几百万年进化而成的现代人类，目前仍然在进化之中。但是科技已经介入了人类的自然进化，基因工程、仿生技术、高速计算机、人工智能等科技出现了。随着机械四肢的成功移植和人类头部移植手术计划的推进，人类似乎迟早不再需要一个肉体的躯壳了。

未来是人类用无力的条款约束着随时不受控制的机器人，还是凌驾于人类智力之上的机器人统治着人类，或者是人类与机器人的结合体占领地球，我们无从知晓。科学家霍金认为，强大的人工智能的崛起，要么是人类历史上最好的事，要么是最糟的事。

科学技术可以改变人类的思想和身体，而机器人将比所有人类智慧的总和更加强大。人工智能是好是坏我们无法确定，但我们能做且必须要做的事情，就是在人工智能发展的过程中，未雨绸缪，竭尽所能使未来人类与机器人能和平共存。

"暴走牙刷"和"全息投影"

> "暴走牙刷" <

用剪下的牙刷柄，向下触碰牙刷头的各个部位，观察牙刷的运动方向，试试看振动马达安装在哪一头牙刷头运动的速度最快

实验材料

★ 刷毛倾斜的旧牙刷　★ 热熔胶枪（带胶棒）

★ 带有导线的微型振动马达

★ 纽扣电池（型号为 CR2025，电压 3V）

实验步骤

1 挑选一支刷毛倾斜的旧牙刷，用钢丝钳剪掉牙刷的柄，只保留牙刷头。

2 纽扣电池和微型振动马达组成的电路是驱动牙刷头的关键。在制作前可以先将微型振动马达与纽扣电池连接，测试一下马达是否能正常振动。

3 用热熔胶枪把微型振动马达粘在牙刷头的背面并靠在牙刷头的一端，然后把纽扣电池粘在牙刷头的另一端。

4 将微型振动马达的导线接到电池上，一根接纽扣电池的正面（正极），一根接纽扣电池的背面（负极）。由于没有设计开关，所以只要电路连通，牙刷立刻就开始振动，想要从手中挣脱。

玩法很简单

只需把牙刷刷毛一面朝下，放在桌面上，"暴走牙刷"就立刻开始奔走。如果你想让牙刷停下来，那么需要剪断牙刷与电池连接的其中一条导线。你还可以与伙伴们相互"斗牙刷"，想象一下几百支"暴走牙刷"一拥而上，杀作一团，是不是很像机器人大战啊！

＞ "全息投影" ＜

《星球大战》中的立体动态全息影像深入人心。全息技术是帮助人类实现裸眼直接观看虚拟影像的一项技术。下面我们就利用一些简单的物件体验虚拟成像的过程。

实验材料

★ 0.5 毫米厚的透明亚克力板或者透明塑料壳
★ 剪刀　★ 切割刀　★ 尺子　★ 可画线的白纸
★ 笔　★ 透明胶带　★ 智能手机

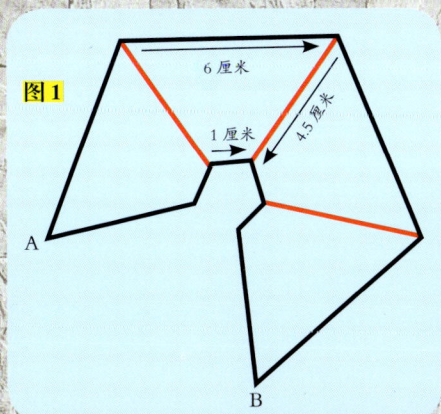
图 1

6 厘米
1 厘米
4.5 厘米
A
B

图 2

图 3

实验步骤

1 在一张白纸上按照图 1 的样式和尺寸比例画一张一样的模板图（如果屏幕大，各边长的长度也要成倍增加）。

2 根据画好的模板图在塑料壳上进行切割。你可以先在塑料壳上根据模板图描线，模板的黑线是需要完全切割的地方，用尺子和切割刀来切割（在大人帮助下进行），尽可能保证精确。

3 模板图中的红线需要用切割刀轻轻划出刻痕，有利于之后的折叠。

4 将模板图中所示的 A 端和 B 端用透明胶带固定在一起，这样，就形成了一个棱台状的"金字塔"。（如图 2 所示）

5 输入关键词"全息投影的视频源"，在网上搜索视频。（如图 3 所示）

6 将"金字塔"倒置放在手机屏幕上的"分身"的中间，每一面对应视频上的一个"分身"。关上灯，打开视频，看看你能看到什么？

"全息" 金字塔原理

我们通过一个透明塑料壳做的"金字塔"看到了一个飘浮的影像，这其实是利用光学原理施展的"魔法"。通过示意图，我们可以看出手机屏幕上的光源（黑色五角星）发出的光照射到塑料壳的时候，光路发生了改变。当你看到的折射或反射后的光，会感觉它来自透明塑料壳的后方，在红色五角星的位置产生虚像。

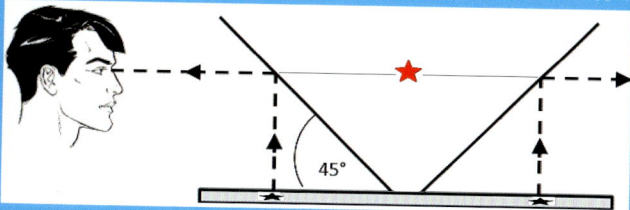
45°

⚠ 注意

所选视频的每一帧图像都包括同一个物体的上、下、左、右四个面，即"分身"，你也可以自己制作类似的视频。

图书在版编目（CIP）数据

开启吧！智能生活 / 小多（北京）文化传媒有限公
司编著 . — 郑州 : 海燕出版社 , 2018.10
　（窥见未来丛书）
　ISBN 978-7-5350-7683-0

　Ⅰ . ①开… Ⅱ . ①小… Ⅲ . ①机器人技术－少儿读物
Ⅳ . ① TP24-49

中国版本图书馆 CIP 数据核字（2018）第 158703 号

策　　划：李道魁　　　责任编辑：李　强　耿　萌
出版统筹：谭柳杨　　　美术编辑：毛立思
封面设计：毛立思　　　责任校对：赵会婷　袁红艳

出版发行：海燕出版社
　　　　　（郑州市北林路 16 号　邮政编码 450008）
发行热线：400 659 7013
经　　销：全国新华书店
印　　刷：中华商务联合印刷（广东）有限公司
开　　本：16 开（899 毫米 ×1194 毫米）
印　　张：3.25
字　　数：70 千
版　　次：2018 年 10 月第 1 版
印　　次：2018 年 10 月第 1 次印刷
定　　价：58.00 元